時間を使わず成果を出す

ニュータイプの
仕事術

Kazuya Ito
伊藤和也

ワニブックス

「やるべきことが多くて時間がない」

「やりたくない仕事、興味がない仕事をするのがつらい」

「IT や AI など、新しい技術に苦手意識がある」

「文章が書けない」

「資料作成がめんどくさい」

「なかなかアイデアがわかない」

「スケジュール管理がうまくいかない」

「コミュニケーションでズレが起こりやすい」

「メールをうまく使って信頼を得たい」

「新しい技術を活用して、効率的に仕事をしたい」

「サクサク仕事を終わらせて、自分の時間を確保したい」

「便利なリモートワークの技を使い、柔軟に働きたい」

「もっと収入を高めたい」

　本書は、こんな悩みを持っている人のための本です。
　能力は今のままで、仕事のスピードと質が上がり、成果が得られます。あなたも、最新の技術を使った仕事術を始めましょう！

まえがき　「自分が何人かいてくれたら……」を実現する

　この本は、私にとって第一作目の本です。私の持つ情報、知識を注ぎ込みましたので、読み進めてもらえるとうれしいです。
「自分が何人かいてくれたら……」、こう思う人は多いでしょう。
「もっと仕事のスピードを上げたい」
「質の高い仕事をしたい」
「仕事を効率的に行ない、たくさんの仕事を仕上げたい」
「成果を出し、収入を上げたい」
「自由に使える時間を増やしたい」
　誰もがこう思っても、**時間や能力が足りずに、悩みをかかえながら毎日を過ごしています。**
　本書では、時間も能力も今のままで、仕事のスピードと質を上げ、多くの仕事をこなせるニュータイプの仕事術を紹介します。

●仕事の質とスピードを上げる「ニュータイプの仕事術」とは？

　最新のテクノロジーを使いこなせば、自分が何人もいるかのように仕事をスピーディーにたくさん処理していけます。作業だけでなく、クリエイティブな仕事もです。
　具体的に言うと、ITテクニックとAIテクニックを組み合わせれば、仕事は驚くほど効率的に、生産的になります。
　ITやAIに苦手意識がある人、乗り遅れた感を持っている人も安心してください。ITもAIも、誰でも使える簡単で便利なものだから普及しているのです。難しければ、普及していません。
　最近、ＡＩをいち早く活用し始めた人が、使いこなしていない人に対して、暗にマウントをとることが増えているようですが、

その人がすごいわけではありません。ＡＩがすごいだけです。気にしないでください。

　つまり、**知識を「知っているかどうか」「使ってみるかどうか」で大きな差がつきます。**

　本書では、仕事で実践してもらうために、一つひとつわかりやすくご説明しています。手順通りに行なえば、誰でもニュータイプの仕事術を使いこなして、成果を出せます。

　また、最新技術を使うときに心にブレーキをかけるのがセキュリティの問題です。私はセキュリティの専門家なので安心してください。

・20代から80代が成果を出している最新の仕事術

　私は、エンジニアとして国内大手SIerの２社で働いたのち、独立しました。仕事の内容は、ITシステムの設計、構築、運用、保守するサービスを提供することでした。つまり、IT活用とセキュリティ分野で実績を積んできた専門家です。

　現在は、２つの会社を立ち上げ、スタッフに「ニュータイプの仕事術」を活用してもらいながら業務の効率化を実現し、生産性を高めてもらっています。

　この仕事術のおかげで、常時数十件の案件を進めることに成功しています。そのおかげで、多くの成果を出すことができ、収入ももちろん大きく上がりました。

　また、ニュータイプの仕事術を実践するためのグループを主宰し、200名以上の方々にそのテクニックをお伝えしています。

　ニュータイプの仕事術は、実際に結果が出ているテクニックで

す。しかも、20代から80代の方々が実践しており、年齢を問わないテクニックです。「若い人が有利」というものではありません。

● 誰にでも、今から、スグに実践できる

ニュータイプの仕事術を実践すると、

「複数の仕事を同時に処理していける」「仕事のミスが減る」

「文章作成が楽になり、ビジネス文書の作成が簡単にできる」

「データ分析、資料作成の時間が大きく短縮される」

「アイデア出しに苦労しなくなる」

「効果的なリモート打ち合わせ、会議が実現される」

「メールの作成が楽に、見落としや送り忘れもなくなる」

「スケジュール管理の精度が上がる」

「チームの仕事がスムーズにいく」

「グーグル、マイクロソフト、ＡＩのサービスを使いこなせる」

というメリットがあり、仕事を効率化できます。短時間で質高く、たくさんの仕事がこなせるようになるので成果が出ます。

ITやAIは日々進化しています。活用するのに躊躇している時間はありません。200名の方が実践しているので、あなたにも必ずできます。本書で紹介する技術は、バージョンによっては仕様や操作が異なる場合がありますが、「こんな便利機能があるのか！」と知ることが大切です。

テクノロジーを使ってラクをしないと成果が出ない時代になってきました。ぜひ、ニュータイプの仕事術を使って、より少ない時間と労力で、より多くの、より大きな成果を得てください。

今から使えるテクニックばかりです。さあ、始めましょう。

●本書の構成について●

　本書は次のような流れで、一つひとつわかりやすく
お話ししています。

【第1部】では、ニュータイプの仕事術の内容とメリッ
トを紹介しています。

【第2部のⅠ】では、パソコンテクニックや Word、
Excel、PowerPoint の使い方を紹介し、ビジネスパー
ソンの IT スキルの土台を固めます。
【Ⅱ】では、グーグル、マイクロソフト、Windows、
Zoom の便利な使い方を紹介しました。

【第3部】では、AI を仕事に活用する方法を紹介しまし
た。「情報収集・整理」「文章・資料作成」「アイデア出し」
「画像作成」「ミーティング」での使い方です。

【第4部】では、仕事場でもリモートでも、ストレスな
く働く方法をご紹介します。クラウド活用、仮想化の
コツ、セキュリティ対策についてお話ししました。

【終章】では、今後も進化していくテクノロジーに乗り
遅れないための秘訣をお話しています。

　最新の技術を使って「仕事を効率化し、生産性を高
めるテクニック」を紹介しました。
　実践第一です！　一つだけでも使ってみてください。

■本書の内容は、2024 年 11 月の情報をもとに作成しています。情報は変更になる場合がありますので、ご注意ください。また、Microsoft、Google、Windows、Zoom、Adobe のバージョンによっては、本書の内容が適用できない場合があります。

■本書に登場する会社名や製品名、サービス名は、通常、それぞれの提供元の登録商標または商標です。ただし、本文中では TM や ® マークは使用していません。

■本書の出版にあたっては正確な記述に努めましたが、この書籍を利用することで生じるいかなる直接的、間接的な損失に対しても、筆者及び出版社は責任を負いません。あらかじめご了承ください。

また、出版後に更新された情報への質問、本書に記載されていない内容に関する質問や製品やサービスの不具合についての質問には、筆者及び出版社はお答えできませんので、ご了承のうえご利用ください。

まえがき 3

第1部

私だってニュータイプの仕事術を実践したい！

心配無用！「IT × AI ×セキュリティ技術」は誰でも使いこなせる

複数の仕事を同時に進められるスキル 14

スピードと質を上げることに限界を感じている人へ 16

ニュータイプの仕事術とは？ 17

80代でも苦手意識がなくなった！ 19

「使えない」では、他人に迷惑をかける 21

パソコン操作の向上は、すべてにいい効果を生む 22

グーグル、マイクロソフトを使いこなすとどうなる？ 23

メールの機能を使って信頼を得る 25

まだまだ知らない便利機能がある「カレンダー」 26

今からでも、まだ十分間に合うAI活用 27

クラウドで快適な仕事環境を実現しよう！ 28

リモート体制を整え、時間を生み出す 29

ニュータイプの仕事術を助けるセキュリティ 30

第2部

とにかく非効率をなくしたい！【Ⅰ】

パソコン操作、Word、Excel、PowerPoint のスキルの底上げは簡単

マウスを使わず、サクサク作業したい！ ························· 34

もっとサクサク作業したい！ ························· 37

どこまで作業したのか、いつも忘れてしまう ························· 40

使いたいファイルやフォルダが見つからない ························· 43

それでも、「見つけられない」を防止するには？ ························· 47

マイクロソフトの Word の使い方を知りたい ························· 50

エクセルは何のために使うものなの？ ························· 54

もう少しだけ Excel に詳しくなりたい！ ························· 57

PowerPoint で何ができるの？ ························· 61

PowerPoint、何をどう始めればいいのか…… ························· 64

グラフや図のつくり方がわからない ························· 67

ここまできたら、PowerPoint を使いこなしたい！ ························· 70

プレゼンテクニックも上げられる？ ························· 72

知っておくと便利なテクニックが知りたい ························· 74

絶対知っておけ！ というコツはありますか？ ························· 75

とにかく非効率をなくしたい！【Ⅱ】

グーグル、マイクロソフト、Windows、Zoom の上手な使い方

Windows の機能を使いこなせていない…… ························· 82

ファイル管理と共有をスムーズに行ないたい ························· 86

すごく便利な機能ってないんですか？ ……88

Gmail を使いこなしたい ……92

会社のメールを Gmail で見たい、送りたい ……94

グーグルカレンダーで予定を確実に管理したい ……97

仕事に使えるグーグルアプリを教えてください ……100

リモート打ち合わせ、会議がいつもイマイチ ……102

Zoom、Teams を使うメリットってあるの？ ……104

パソコンの動きが重くなってはかどらない…… ……107

パソコンが重くなる前になんとかできませんか？ ……109

一番快適な環境をつくりたい！ ……112

第3部

ザックリでいいから AI を使えるようになりたい！

ChatGPT、SGE、Perplexity、Zoom、Adobe ──情報収集・整理、文章・資料作成、アイデア出し、画像作成、会議の事後処理で使う方法

とりあえず触れてみたいから、オススメを教えて！ ……116

AI を使って情報収集すると何が得なの？ ……118

アカウント登録せずに AI を使う方法を知りたい ……119

めちゃめちゃ有名なのに ChatGPT を使ったことがありません ……124

AI が資料を作成してくれるって本当？ ……126

AI には、どんな仕事を任せられる？ ……135

AI にメールの文章をつくってもらいたい！ ……137

レポートや報告書をつくるのがめんどうです ……139

ブログや SNS の文章を書くのがしんどいです…… ……144

クリエイティブな文章もつくれるの？ 145

顧客に届ける文章もつくってほしい 147

お客様や関係者向けの文章フォーマットをつくって！ 149

人材を集める魅力的な文章も書ける？ 151

これ以上考えられないので、アイデア出しを頼みたい 153

会議後の作業が大変で、うんざりします 156

いろんな場面で使える "いい感じの画像" をつくりたい 159

第4部

時間にも場所にも縛られず
サクサク仕事を完了させたい！

ここまでできれば超安心！
クラウド活用から仮想化のコツ、セキュリティ対策まで

クラウドってどう使えば便利なんですか？ 164

Google Drive を使いこなしたいです 167

強みを最大限に活かしたい！ 172

OneDrive って何ができるの？ 175

もっと便利に使いたい！ 180

オフラインでもクラウドを使えるようにできませんか？ 183

最近よく聞く「仮想化技術」って初心者でも使える？ 185

結局、セキュリティが気になって、

新しいことに挑戦できません…… 189

データを失うのが怖いです 197

とにかく安全にニュータイプの仕事術を使いたい！ 198

エピローグ

今後も、テクノロジーを活用して
ラクして成果を出したい！

常に最先端の技術を身につけるための考え方と準備

どんどん新しい技術が出てくると思うとうんざりです…… ……200

これから注目される技術を取り入れるには、

どうすればいいですか？ ……201

今日からできることは？ ……204

変化を楽しみたいです！ ……205

あとがき ……206

第 1 部

私だって
ニュータイプの仕事術
を実践したい！

心配無用！ 「IT × AI ×セキュリティ技術」は
誰でも使いこなせる

複数の仕事を
同時に進められるスキル

なぜ、誰でも使えて、成果が出るのか？

　本書で紹介する「ニュータイプの仕事術」は、私のこれまでの経験で身につけた技術、出会ってきた優秀な方々から教えてもらった技術を、誰でも使えるように磨き上げた技術です。

　私自身が、ニュータイプの仕事術の実践者であり、その効果を実感しています。

「ニュータイプの仕事術」を知っているかどうかで、生産性が大きく変わり、成果が大きく変わります。当然、収入にも大きな影響を与えます。

　私はニュータイプの仕事術を使うことで、独立してすぐにコンサルティングの法人契約を獲得し、半年後には今までの３倍以上の月収を得られるようになりました。

　現在、２つの株式会社の代表取締役社長を務め、「ニュータイプの仕事術」をスタッフに指導することで業務の生産性を大幅に向上させています。これにより、**常時数十件の案件を円滑に進める体制を実現**しています。また、現在、この仕事術を**200名以上の経営者にも提供し、多くのビジネスの成長をサポート**しています。そして、今も次のステージに向けて挑戦を続けています。

　なぜ短期間で、これだけの結果を出すことができたのか──。

　その理由は、「ニュータイプの仕事術」を実践したからです。

　このノウハウを私自身が活用することはもちろん、スタッフに

も活用してもらうと、成果を倍増させてくれました。

ニュータイプの仕事術は、仕事のスピードと質を一気に高められるからです。

私の会社には、68歳のスタッフがいますが、フルリモートで、最新のクラウドツールやAIを使いこなしながら仕事をしてくれています。ニュータイプの仕事術は、年齢も能力も関係なく成果が出せるのが魅力の仕事術です。

執筆していく中で私が感じたのは、成功の鍵は「能力の高さ」ではなく、「知っているかどうか」だということです。

多くの人が、ＩＴやＡＩに漠然とした苦手意識や抵抗感を持っていますが、正しい方法を知れば簡単に実践することができるようになります。能力の差よりも、知っているかどうかの差がとても大きいのです。

実際、私が指導した方の中には、**ITやAIを全く使えなかった人もいましたが、短期間で大きな成果を上げています。**

たとえば、ある経営者は、AIを活用して業務改善を行なったところ、何週間もかけていた書類仕事を1日で完了させられるようになりました。さらに、デジタルツールに苦手意識を持っていたスタッフも、それを克服してIT、AIを活用した作業をこなせるようになりました。

本書は、私自身が実践し、また、人に指導してきた「ニュータイプの仕事術」を、初心者でもすぐに使いこなせるように、わかりやすく解説しました。今日から実践することで、あなたも仕事の生産性を大きく向上させることができます。

スピードと質を上げることに
限界を感じている人へ

能力の向上よりテクノロジーの活用！

　多くの人が、「仕事のスピードと質を上げたい」と思っています。そして、能力を上げるために努力しようとします。

　しかし、今の時代、**仕事の成果を上げるには、能力の向上よりもテクノロジーをどれだけうまく使いこなせるかが重要**です。

　能力を上げるには時間がかかりますが、テクノロジーを使うのは一瞬です。

　たとえば、プロジェクトの進捗管理も、専用のツールを使えば、メンバー全員がリアルタイムで状況を把握し、効率的に作業を進めることができるようになりました。

　手作業で一つひとつ入力して行なっていたデータ分析も、AIツールを使えば瞬時に結果を得ることができます。

　他にも、自分では思いつかなかった新しいアイデアを AI がどんどん提案してくれます。文章も資料もつくってくれます。

　このように、テクノロジーはあなたの仕事を支える強力なパートナーとなります。

　うまく使いこなすことで、あなたの仕事のスピードも質も、飛躍的に向上します。それも、努力することなく。

　これが、「ニュータイプの仕事術」を実践することで得られる大きなメリットです。

ニュータイプの仕事術とは？

IT × AI × セキュリティ＝最強の武器

「IT も AI もわからない……」

「パソコンすら思うように使いこなせない……」

という人は少なくありません。

こういう悩みを抱える人は、周りから取り残されているような気持ちになっていることでしょう。

「ニュータイプの仕事術」を身につけると、こうした不安を解消でき、自信を持って仕事に取り組めるようになります。

この仕事術の核となるのは、IT や AI、そしてセキュリティの技術を身につけることです。

そうすれば、あなたは今までの仕事のやり方をアップデートでき、より効率的でより効果的な仕事を実現できます。

簡単に言えば、「ニュータイプの仕事術」とは、**テクノロジーを使って、"楽に""早く"上質な成果を出すための方法**です。

難しいことはありません。

●仕事を快適にスムーズに！

「ニュータイプの仕事術」を実践するには、3つのリテラシーが鍵となります。それは、「IT リテラシー」「AI リテラシー」「セキュリティリテラシー」です。

IT リテラシー

ITリテラシーは、パソコンやインターネットを効率的に使いこなす力です。日常業務をスムーズに進めることができるようになります。また、このリテラシーが高まると、ＡＩ活用へのハードルも下がります。

AI リテラシー

AIリテラシーは、AIツールを使って情報収集したり、データを分析したり、文章を作成したり、作業を自動化したり、アイデアを生む力です。

AIの力を借りれば、手間のかかる作業も短時間でこなすことができます。

セキュリティリテラシー

セキュリティリテラシーは、情報とコミュニケーションを安全に扱うための知識とスキルです。

セキュリティに関するリテラシーがなければ、せっかくのデジタルツールも不安を抱えながら使うことになってしまいます。

安全にテクノロジーを活用するためには、セキュリティの基本を理解しておくことが重要です。

これら３つのリテラシーを身につけることで、あなたは現代の仕事環境に適応し、取り残されることなく、自信を持って働くことができるようになります。

80代でも苦手意識がなくなった！

若いから有利ということではない！

　「ITやAIをうまく使いこなせる人が周りにいて、自分が劣っているように感じる……」

　「ITやAIの知識がある人が、暗にマウントをとってくる」

　そんな思いをしたことはありませんか？

　新しい技術を使いこなせないと、「自分の評価が下がってしまいそう」、「仕事を任されなくなったらどうしよう」、「バカにされている気がする」、こんなことを考えてしまうこともあるかもしれません。

　しかし、安心してください。実は、ITやAIを使いこなすのに特別な才能やスキルは必要ありません。

　誰もがテクノロジーを使いこなし、創造性もスピードも質も同時に手に入れられます。

　「パソコンとか、ITとか、AIとか詳しくて、あの人、すごいな〜」と感心することがあるかもしれません。

　でも、**彼らがすごいのではなく、テクノロジーがすごい**のです。彼らはその力をうまく活用しているだけです。

　優れた仕事の実現は、テクノロジーを駆使することで、誰にでもできる時代です。テクノロジーは平等です。どんな人でもその恩恵を受けることができます。

　はっきり言って、誰でもできるから普及しているのです！　テ

第1部　私だってニュータイプの仕事術を実践したい！

クノロジーが普及している理由は"簡単さ"にあります。

　もし、これが難しかったり、使いづらかったりするのであれば、ここまで広まることはないでしょう。つまり、誰でも使いこなせるものばかりです。

「自分には難しいかも」と思うかもしれませんが、それは間違いです。本書では、具体的にわかりやすく、パソコン、IT、AIを活用し、すぐにテクノロジーを使いこなす技術を紹介しました。

「テクノロジーは、若い人のほうが使いこなすのがうまい」という思い込みも捨ててください。それは、単なる思い込みです。

　実際、年齢や性格に関係なく、誰でもテクノロジーの活用術を習得できます。めんどくさがらずにやってみることです。

　最新の技術を使いこなせていないと、「若い人にバカにされているのではないか」と思う人が、最近増えているようです。でも、それも心配することはありません。

　私のクライアントには20〜80代の人がいらっしゃいます。80代でAIやパソコンやスマホを日常的に使いこなしている人がいる一方で、30代でもなかなか使いこなせない人もいます。

　その違いは、年齢ではなく、「知っているかどうか」、そして「やってみたかどうか」の差だけです。

「若くないから」とパソコンを触ることに抵抗を感じる人もいれば、少しずつ挑戦し、できることを増やしている人もいます。大切なのは年齢ではなく、まず一歩を踏み出すことです。

　実際に試してみることで、新しい技術を誰でも習得できます。

　本書では、その最初の一歩をサポートしたいと思います。恐れずに挑戦することで、きっと新たな可能性が見えてくるはずです。

「使えない」では、他人に迷惑をかける

職人が通用しなくなった時代

「職人のようなこだわりを持つ仕事人」が、かつては「仕事ができる人」として尊敬されていました。

しかし、現代のビジネス環境では、それが通用しない場面が増えています。

どれだけ経験があっても、高い能力を持っていても、パソコン操作やデジタルツールの使い方がわからなければ、周囲の人と一緒に仕事を進めることが難しく、結果として生産性を下げてしまうからです。

メールの管理がうまくできない、オンライン会議に参加できない、データを正確に入力できないなど、小さなことの積み重ねが大きな差を生みます。

これらを放置すると、仕事のスピードが下がり、ミスが増え、業務全体が滞ります。

経験値やノウハウを持ちつつ、同時に最新のテクノロジーも使いこなせるようになることで、さらに成果を出すことができます。

時代の変化に柔軟に対応し、学び続ける姿勢を見せることで、「経験も豊富で、しかも最新の技術にも強い人」として評価される人材になることができるのです。

それを実現するのが、ニュータイプの仕事術です。

第1部　私だってニュータイプの仕事術を実践したい！

パソコン操作の向上は、すべてにいい効果を生む

３つの基本操作を使いこなそう

　パソコンの基本操作をマスターすることは、現代のビジネスパーソンにとって必須のスキルです。

　基本操作とは、**「キーボードやマウスの使い方」「ファイルやフォルダの管理」「ソフトウェアの起動や設定」**などです。これらを身につけると、仕事の効率が格段に向上します。

　ショートカットキーを覚えると、作業スピードが劇的に向上します。ショートカットキーとは、キーボードの特定のキーを組み合わせを使うことで、すばやく操作を行なえるテクニックです。

　ファイルやフォルダの整理が得意になると、必要な資料を探す時間が短縮され、業務がスムーズに進みます。

　基本操作が身につくことで、新しいソフトウェアにも抵抗なくチャレンジできるようになります。ソフトウェアとは、パソコンでさまざまな機能を提供してくれるプログラムのことです。

　パソコン操作に自信がつくと、仕事全体の効率化を図ることができ、ストレスの少ない仕事環境を実現することができます。

　一気にすべてを覚える必要はありませんし、高度なことに挑戦する必要もありません。まずは簡単にできそうな、基本的な操作をやってみましょう。

　ちょっとでもできるようになると、新しいツールやシステムの使用へのハードルが下がり、前向きに取り組めるようになります。

グーグル、マイクロソフトを使いこなすとどうなる？

ビジネスパーソンとしてのスキルの底上げ

グーグルとマイクロソフトのツールを使いこなすことは、ビジネスの現場で非常に大きなメリットをもたらします。

これらを使いこなすのは、**いまやビジネスパーソンとしての常識**です。

グーグルは Gmail、グーグルカレンダー、グーグルドライブなどのクラウドベースのツールを提供しており、どこからでもアクセス可能で、チームでの協働も簡単です。

個人で利用する場合でも、パソコンやスマホからクラウド上に保存しているカレンダーやメール、ファイルにすぐアクセスできるため、時間や場所を問わず効率的に仕事やタスク、スケジュールを管理できます。

また、クラウドに保存しておけば、端末が故障しても大切なデータを失うことがありません。

一方、マイクロソフトは、Word、Excel、PowerPoint といったビジネス文書、データ管理、資料の作成に特化した強力なツールを提供しています。

これらのツールを使いこなせるようになると、業務の生産性が大幅に向上します。

• これで効率体制が整う！

たとえば、グーグルドライブを活用することで、ファイルの共同編集がリアルタイムで可能となり、チームメンバーとのコミュニケーションがスムーズになります。

個人使用でも便利です。**どこからでもアクセスできるため、外出先や自宅でも作業が続けられ、時間を有効に使えます。**

また、グーグルのツールはすべてが連携しているため、Gメールで受け取ったメールの内容をグーグルカレンダーに追加したり、グーグルドライブに保存したファイルを共有したりと、日々のタスク管理が効率化されることも大きなメリットです。

マイクロソフトのツールを使いこなすことにも大きなメリットがあります。

Excel でのデータ分析や PowerPoint での効果的なプレゼンテーション作成ができるようになると、業務の質も格段に向上します。

Word を活用することで、文書の作成や編集がスムーズになり、企画書や報告書、プレゼン資料、会議の議事録などを簡単に作成できます。

こうしたツールを自在に使いこなすことで、仕事の効率を上げる体制が整います。

メールの機能を使って
信頼を得る

見逃し・返信漏れを防止し、仕事環境の幅も広がる

メールの活用は、ビジネスコミュニケーションの基本です。

メールを送信する、受信するだけではなく、その他のメール機能を使いこなすことで、業務連絡やクライアントとのやり取りがスムーズに進んで**仕事の効率が向上しますし、信頼関係も築かれていきます。**

機能を駆使することで、重要なメールを見逃すリスクが減り、必要な情報を即座に見つけることができます。

また、メールの自動返信機能やスケジュール送信機能を使えば、時間を有効に活用しながら、迅速かつ丁寧な対応が可能です。

さらに、メールのルール設定を活用することで、特定の条件に応じてメールを自動的に振り分けることができます。

メール機能を使いこなすと、重要なメールを見逃すことがなくなり、返信漏れや処理の遅れも減るのです。

その結果、仕事のミスが少なくなり、周囲からの信頼を得ることができます。

適切なメール管理ができることで、常にスムーズなコミュニケーションが取れ、効率的な業務遂行につながります。

また、どこでも仕事用のメールを見られるように設定すれば、仕事環境の幅も広がるでしょう。

業務がより整理され、コミュニケーションが円滑に進むのです。

第1部　私だってニュータイプの仕事術を実践したい！

まだまだ知らない便利機能がある「カレンダー」

スケジュール管理だけでなく、他者との調整にも使える

　カレンダー機能を効果的に活用することで、スケジュール管理が飛躍的に改善されます。

　グーグルカレンダーやマイクロソフトの Outlook のカレンダーを利用すると、予定を一元管理できるだけでなく、他の人との予定の調整も簡単です。

　特に、複数のカレンダーを同期させたり、共有カレンダーを設定することで、チーム全体の予定を一目で把握できるようになります。

　また、リマインダーや通知機能を活用すれば、重要な会議やタスクを忘れることもなくなるでしょう。

　さらに、会議の招待やリモート会議のリンク（URL）もカレンダー上で共有できるため、仕事の調整がスムーズに進みます。

　これにより、**時間を有効に使えるようになり、仕事の優先順位をつけやすくなります。**

　カレンダーを使いこなすことで、仕事の効率が向上し、余裕を持って業務に取り組めるようになるのです。

今からでも、まだ十分間に合う AI 活用

創造性を高め、作業時間を短縮する

　AI を活用することで、これまで手作業で行なっていた多くの業務が自動化され、業務効率が飛躍的に向上します。

　たとえば、AI を使ったデータ分析や予測は、膨大な情報を瞬時に処理し、正確な結果を提供してくれます。

　また、AI を活用した自動化ツールは、ルーティンワークを短時間化し、クリエイティブな業務に集中する時間の確保に有効です。

　さらに、AI は文章作成やプレゼン資料の作成にも活用できます。AI を使うと、提案書やレポートの作成時間を大幅に短縮し、質の高い内容をスピーディーに提供する手助けをしてくれるのです。書くことにあれこれ悩むこともなくなります。

　これにより、仕事のスピードが上がり、作業の進行がスムーズになります。**AI を使いこなすことで、ビジネスでの競争力が向上しますし、戦略的な意思決定が可能になります。**

　そして、AI は、ただ質問に答えてくれるものではなく、新しいアイデアの創出や課題解決の手助けまでしてくれるのです。

　最近では、AI を使いこなすための知識やスキルを学びたいという人が増えており、私自身、AI を教える仕事が増えています。

　AI の活用方法を身につけることが、これからのビジネスにおいて重要な鍵となるでしょう。

クラウドで快適な
仕事環境を実現しよう！

いつでもどこでも仕事ができる環境を用意する

　クラウドサービスを活用することで、データの管理や共有が格段に楽になります。

　クラウド上にデータを保存すれば、インターネット接続さえあればどこからでも、そして、いろんな端末からアクセスでき、データを安全に管理できます。

　これにより、オフィス外からでも必要な資料にアクセスでき、リモートワークがスムーズに進むでしょう。

　さらに、クラウドを使うことで、複数の人が同時に同じファイルを編集できるため、チームでの共同作業が効率化されます。

　たとえば、Google Drive や OneDrive を利用すると、プロジェクトに関するファイルを一元管理し、常に最新のバージョンのファイルを共有することが可能です。

　ムダなメールのやり取りやファイルの重複が減り、業務の透明性と効率が向上します。**クラウドを使いこなすことで、現代のビジネス環境に対応した柔軟で効率的な働き方が可能になります。**

　また、クラウドに保存することで、パソコンに直接保存するよりも多くのデータを管理することが可能です。

リモート体制を整え、
時間を生み出す

ムダな時間を減らし、自分のための時間を増やす

　リモート体制を整えることで、場所にとらわれずに効率的に仕事を進めることができます。

　たとえば、リモート環境を整えると、通勤時間がゼロになり、毎日の電車通勤や渋滞でのストレスから解放されます。

　また、わざわざ打ち合わせなどで訪問する時間も減るので、その分、重要な仕事や自分の時間に使えます。移動のために、仕事を中断せずに済むこともメリットです。

　仕事の効率もアップし、急な状況の変化にもスムーズに対応できるようになります。リモートで働く準備をしておくことで、**どんな変化にも柔軟に対応できる力が身につきます。**

　リモート環境を整えれば、安全に会社のネットワークにアクセスでき、自宅や外出先からでも業務を行なえます。オフィスのパソコンと同じ環境で作業をすることも可能です。

　オンライン会議ツールを使えば、遠隔地にいるチームメンバーともリアルタイムでコミュニケーションが取れるため、プロジェクトの進行が滞ることもありません。

　リモート体制を整えることで、ワークライフバランスの向上や業務効率の最適化が実現し、より柔軟な働き方が可能になります。

ニュータイプの仕事術を
助けるセキュリティ

新しい技術を不安なく使うために

　セキュリティに対する理解を深め、対策を講じることで、デジタル環境でのリスクを大幅に軽減できます。

　強固なセキュリティ体制を整えることで、個人情報や企業の機密情報が外部に漏れるリスクを最小限に抑えられます。たとえば、二要素認証を導入することで、不正アクセスを防ぎ、アカウントの安全性を高めることができます。

　また、ウイルス対策ソフトやファイアウォールの設定を適切に行なうと、マルウェアやハッキングからデータを守ることができます。

　さらに、定期的なバックアップを取ることで、万が一のデータ消失時にも迅速に復旧が可能です。

　セキュリティに強くなることで、安心してデジタルツールを活用でき、ビジネスの信頼性も向上します。**こうした対策は、日常業務を安心して進めるための重要な要素です。**

• 怖くて手を出せない人の味方

　私の周りにも、「セキュリティが心配で新しいテクノロジーに手を出せない……」という人がたくさんいます。でも、漠然とした不安を抱えて何もしないのは、とてももったいないことです。

デジタルツールには便利さの裏にリスクもありますが、その**リスクがなんなのかをしっかり理解し、対策をきちんと講じれば、安心して使えるようになります。**

　大切なのは、「なんとなく怖いからやらない」というのではなく、「リスクを正しく理解して、正しく対処する」という姿勢を持つことです。

　セキュリティについての基本を学んでおけば、パソコンやITをもっと自由に使いこなせるようになり、仕事の効率も質もぐんぐん上がります。

　それでは、第2部から実践力を高めていきましょう！　難しいことは何もありませんよ。

第1部　私だってニュータイプの仕事術を実践したい！

第 **2** 部

とにかく非効率を
なくしたい！
【Ⅰ】

パソコン操作、Word、Excel、PowerPoint
のスキルの底上げは簡単

パソコンの操作に慣れることは、仕事を効率的に進めるために重要です。

　そこで、まずはビジネスパーソンの基本中の基本である、パソコンの操作法とマイクロソフトが提供する、Word、Excel、PowerPoint の使い方を紹介します。

　スムーズな作業を行なうため、デジタルツール活用の能力向上のための第一歩は、パソコンに慣れることです。

　パソコン操作を上達させることで、仕事のスピードと質を大きく向上させ、時間、成果の点で数多くのメリットを享受できます。

　基本操作ができるようになることで、IT、AI へのハードルが大きく下がり、どんどん活用することができるようにもなります。

マウスを使わず、サクサク作業したい！

ショートカットキーで作業時間を短縮！

　パソコン作業の効率を劇的に向上させる方法の一つが、キーボードショートカットを使いこなすことです。多くの人が、マウスを使って操作を行なっていますが、これでは時間がかかります。

　ショートカットを使うと、複数のステップを必要とする操作を一瞬で実行できるため、作業時間を短縮できます。パソコン操作がスムーズになるということです。ここでは、便利なショートカットを紹介します。

1 コピー

　Ctrl キー ＋ C で、コピーができます。

　選択したテキスト（文章）やファイル、フォルダを複製するショートカットです。

　通常なら、コピーしたいものを選択して右クリックし、コピーをクリックしなければいけませんが、ショートカットを使うと一瞬です。

　コピーしたい文章を選択して Ctrl キー ＋ C を押すだけです。ファイルやフォルダも選択して Ctrl キー ＋ C を押すとコピーできます。

2 貼り付け

Ctrl キー ＋ V で、コピーした内容を指定した場所に貼り付けることができます。

3 切り取り

Ctrl キー ＋ X で、選択したテキストやファイルを切り取り、別の場所に移動させることができます。

4 元に戻す

Ctrl キー ＋ Z は、直前の操作を取り消すためのショートカットで、一つ前の状態に戻すことができます。そのため、作業ミスを修正するのに便利です。

5 全選択

Ctrl キー ＋ A は、ドキュメント（文書や資料）やフォルダ内のすべてを一括選択することができるショートカットです。

6 保存

Ctrl キー ＋ S で、今までの作業を保存することができます。ショートカットなら、こまめに保存することがめんどうではなくなります。

ショートカットは、それを使うだけで便利ですが、パソコンの操作に慣れるという意味でも使っていただきたいテクニックです。

パソコンに慣れると、ＩＴ活用、ＡＩ活用への心理的ハードルも下げることができます。

もっとサクサク作業したい！

··

まだまだある知っておくと便利な応用技

　次に、もう少し応用的ですが、覚えておくと非常に便利なショートカットを紹介します。

ウィンドウの切り替え

　Alt キー + Tab キーで、複数のアプリケーションやウィンドウを開いているとき、すばやく切り替えることができます。

ウィンドウの最小化 / 最大化

　Windows キー + 上矢印（↑）キーで、ウィンドウを最大化できます。

　Windows キー + 下矢印（↓）キーで、最小化されます。

　Windows キー + 左矢印（←）キー、または、右矢印（→）キーで、ウィンドウを画面の半分に配置できます。

スクリーンショットの撮影

　Windows キー + Shift キー + S で、画面の一部を選択してスクリーンショットを撮ることができます。

ブラウザのタブ操作

　ブラウザとは、簡単に言うと、インターネットで開いているペー

ジのことです。

　Ctrl キー ＋ T で、新しいタブを開き、**Ctrl キー ＋ W** で現在の
タブを閉じ、**Ctrl キー ＋ Shift キー ＋ T** で、最後に閉じたタブを
再度開くことができます。

• もう一段上のショートカットテクニック

　特定の状況や作業環境で使うと便利なショートカットもありま
す。

エクスプローラーの起動

　Windows キー ＋ E は、ファイルやフォルダを管理するエクス
プローラーをすばやく開くショートカットです。

ディスプレイ設定の切り替え

　Windows キー ＋ P で、複数のディスプレイを使用する際に、
表示モードを簡単に切り替えることができます。

クイックリンクメニューの表示

　Windows キー ＋ X で、システム設定や管理ツールにアクセス
するメニューを表示します。

ペーストオプションの選択

　Ctrl キー ＋ Shift キー ＋ V で、書式設定を無視してテキストだ
けを貼り付けることができます。たとえば、インターネット上で
文章をコピーして word に貼り付けるときに、書体や文字の大き

さまでそのままコピーしてしまうことがありますよね。

このショートカットを使うと、word で今使っている書体、サイズで word に貼り付けることができます。

つまり、異なる書式の文書間で作業する際に役立ちます。文字のフォントやサイズを貼りつける側の書式に合わせてくれるので便利です。

ブラウザの閲覧履歴を削除

Ctrl キー + Shift キー + Delete キーは、閲覧履歴やキャッシュをすばやく削除したい場合に便利なショートカットです。

ドキュメントの単語や段落の選択

Ctrl キー + Shift キー + 矢印キーは、テキストエディタやワードプロセッサで、単語や段落全体を選択するのに役立ちます。

キーボードショートカットを使いこなすことは、パソコン作業を効率的に進める上で非常に重要です。

一度習得すれば日々の作業時間を大幅に短縮できるだけでなく、作業の流れを止めることなくスムーズに進められます。

まずは、基本的なショートカットから使い始め、少しずつ応用的な技を取り入れていくことで、パソコン操作のスピードと快適さが飛躍的に向上します。

どこまで作業したのか、いつも忘れてしまう

履歴機能を使って確認作業をなくす

「仕事を始めよう」とパソコンを開いたものの、「あれ、どこまで作業していたっけ……」と迷ってしまうことはありませんか。

そんなときに便利なのが、Windows の履歴表示機能です。これを使えば、過去の作業状況をすぐに確認できるので、仕事をスムーズに再開することができます。

・日付ごとの履歴を確認する

Windows には、「タスクビュー」という便利な機能が搭載されており。日付ごとの作業履歴を確認することができます。

Windows キー + Tab キーを同時に押すと、画面に「タスクビュー」が表示されます。ここには、現在開いているすべてのウィンドウに加え、過去に開いていたファイルやアプリの履歴が、日付ごとに表示されます。

Windows キー + Tab キーを押してタスクビューを表示し、タイムラインを上下にスクロールして、過去の作業履歴を確認します。作業したい日時の履歴をクリックすれば、そのときの作業内容やファイルが開きます。

これで「どこまで作業が進んでいたのか」を確認でき、迷わず作業に取りかかることができます。

このタイムライン機能は、Windows10 では標準搭載されて

いましたが、Windows11 では廃止されてしまったようです。Windows11 では現在のタスクビューは表示されますが、過去の作業履歴は確認できなくなりました。

Word の「バージョン履歴」機能をプラスアルファで活用

　作業の履歴を細かく確認したい場合や、ドキュメントを編集している場合は、Word の「バージョン履歴」機能が役立ちます。「バージョン履歴」を使うと、更新した作業を日時ごとに表示し、どこで何を変更したかが確認できます。共同で編集をしている場合、他の人が行なった変更点を把握するのにも便利です。
「前回の編集内容をチェックしたい」「他の人がどこを編集したのか確認したい」というときに、スムーズに確認できます。

　Word を開いて「ファイル」タブをクリックし、「情報」を選択します。「バージョン履歴」をクリックして、表示されるリストから確認したいバージョンを選びます。

　「バージョン履歴」の機能を使う場合は、OneDrive にファイルをアップしておく必要があります。

Wordの「変更履歴」機能でさらに詳細をチェック

Wordには、「変更履歴」機能もあります。これを使えば、ドキュメント内で行なわれたすべての変更を可視化し、「どこが変更されたか」「誰が変更したか」を一目で確認できます。

変更履歴をオンにしておくと、ドキュメント内でのすべての編集が自動で記録されます。特定の箇所にコメントをつけたり、変更内容を承認したりもできる機能です。編集内容の見落としがなくなり、正確な確認作業ができるため、作業のムダを省けます。「校閲」タブをクリックし、「変更履歴の記録」をオンにします。すると、ドキュメント内でのすべての変更が左側に赤い線で表示されます。各変更の詳細を確認したり、必要に応じて元に戻すことができます。

複数の履歴機能を組み合わせて活用することで、時間を有効に活用し、効率的に仕事を進めていきましょう。

使いたいファイルやフォルダが見つからない

………………………………………………………………………………
一目でわかる！　ファイル、フォルダの整理術

　いつの間にかファイルやフォルダがごちゃごちゃに……。

　パソコンを使っていると、こんなことありますよね。「あれ？あのファイルどこにいった？」なんて探し回るのは、時間のムダです。

　そこで、ファイルやフォルダの整理整頓のコツを紹介します。ちょっとした工夫で、毎日の作業がスムーズになりますよ。

　まずは、ファイル整理の基本となる「どの基準で分類するか」を考えてみましょう。あなたの仕事スタイルや日常的な使い方に合った分類方法を選ぶことが大事です。

　まずは、「主キー（分類基準）」を決めましょう。ファイルを整理するときは、どの情報を最もよく探すのかを考えて、その主キーを決めると便利です。以下の例を参考に、あなたに合った方法を選んでください。

クライアント名を主キーにする

　クライアントごとの情報をよく扱うなら、「クライアント名」でフォルダをつくりましょう。その中に「プロジェクト名」や「年度」、「資料、書類の名前」のサブフォルダを設けると、すべての関連資料が一カ所にまとまります。

たとえば、「クライアント A」フォルダ内に、「プロジェクト X_2024」「提案書」「契約書」などのフォルダをつくっておくと、探し物をすぐに見つけられます。

年度を主キーにする

年度ごとにデータを整理したい場合は、「年度」を基準にフォルダをつくります。その中でクライアント別やプロジェクト別に整理すれば、年度ごとの成果がパッと確認できます。

「2025 年度」フォルダ内に「クライアント A」「クライアント B」などをつくって、それぞれの資料を保存しておくのがオススメです。

プロジェクト名を主キーにする

プロジェクト単位で進行状況を管理するなら、「プロジェクト名」を主キーにしましょう。

プロジェクトフォルダの中に関連するすべての資料を集めれば、スムーズに作業を進められます。「プロジェクト X」フォルダ内に「クライアント A_ 提案書」「会議議事録」「スケジュール」などのサブフォルダをつくっておくと、スッキリ見やすくなります。

フォルダ構造の階層を最適化する

フォルダを整理するときは、「深すぎない階層」を心がけましょう。階層が深すぎると、どこに何があるのかわからなくなってしまいます。

つまり、フォルダの中にフォルダがあり、その中にフォルダが

あり、またその中にフォルダがあり、という具合に階層が深くなると、使いたいファイルを見つけにくくなります。

　必要なファイルには3回のクリック以内でたどり着けるようにフォルダ構造を設計しましょう。

「クライアントA」→「2024年度」→「提案書」というように、シンプルな階層にすると迷わずにすみます。

•3つのファイル分けのコツ

　フォルダを分けたら、次はファイルの名前を工夫しましょう。これが整理整頓の重要ポイントです。

シンプルでわかりやすい名前にする

　ファイル名は、見ただけで「これだ！」とわかるようにしましょう。

　必要な情報である「プロジェクト名」「日付」「バージョンなど」を入れると、探すのが簡単です。

　たとえば、「2024_決算報告書_最終版.xlsx」というようにすれば、すぐに見つかります。

担当者名やプロジェクト名を含める

　特定のプロジェクトや担当者が関わるファイルなら、その情報をファイル名に含めるともっと便利です。「プロジェクトA_提案書_山田.pdf」のようにすれば、誰がつくったかも一目瞭然です。

ラベル付けを活用する

さらに、ファイルやフォルダにラベルを付けて、視覚的に整理するのもオススメです。

「緊急」「参考資料」「顧客資料」など、色やカテゴリごとにラベルを付けておけば、画面を見ただけで目的のファイルにすぐたどり着けます。

Windows には直接ラベルを貼る機能はありませんが、ファイル名の先頭にキーワードを入れて管理すれば、ラベルを貼るかのように整理ができます。たとえば、以下のように名前を工夫すると、どのファイルが何の目的か一目でわかりやすくなります。

[] を使い、ファイル名の先頭に [緊急][参考資料][顧客資料] というようなキーワードを入力して、ラベル化しておくのです。

- ［緊急］プレゼン資料 .pptx
- ［参考資料］競合分析 .docx
- ［顧客資料］伊藤株式会社 .pdf

ファイルやフォルダの整理は、「主キー」を何にするかがポイントです。

クライアント名、年度、プロジェクト名など、探しやすいキーワードを考えながら整理を進めてみてください。

整理された環境をつくることで、探し物の時間が減り、仕事の効率もぐんと上がります。

快適なパソコンライフを目指して、整理整頓を始めましょう。

それでも、「見つけられない」を防止するには？

お気に入り機能を使って効率的にファイル管理をする

　ご紹介したファイルやフォルダの整理術を知っても、なかなかうまくいかない人もいるかもしれません。

　そんな人にオススメなのが、「お気に入り」機能を使ったファイル管理です。クラウドストレージの「お気に入り」機能や、パソコン内で「お気に入りフォルダ」をつくることで、よく使うファイルをすぐに見つけられるようになります。

クラウドストレージでの「お気に入り」機能を活用

　OneDrive や Google Drive などのクラウドストレージには、「お気に入り」機能があり、よく使うファイルやフォルダを、簡単にアクセスできるように設定することが可能です。

　OneDrive や Google Drive については後ほど詳しくご説明しますので、ここでは「そんな機能があるのか」という程度に読み進めてください。

　まずは、OneDrive や Google Drive にアクセスし、よく使うファイルやフォルダを選びます。

　右クリックして、「お気に入りに追加」または「スターを付ける」などのオプションを選択します。

　これで、トップ画面や「スター付きアイテム」などのセクションにそのファイルやフォルダが表示され、どこに保存してあって

第2部　【I】　とにかく非効率をなくしたい！

も一発で見つけられるようになります。

　お気に入りに登録しておけば、わざわざ深い階層を探す必要がなくなります。また、クラウド上に保存されているので、どのデバイスからでも同じ方法でアクセスできてとても便利です。

パソコン内では「お気に入りフォルダ」を自作する

　パソコン自体には、フォルダの「お気に入り登録」機能はありませんが、「お気に入りフォルダ」を自分で作成して、よく使うファイルやフォルダをまとめるのがオススメです。

　デスクトップやエクスプローラーのわかりやすい場所に「お気に入りフォルダ」を作成します。フォルダ名を「お気に入りフォ

ルダ」とするという意味です。

「お気に入りフォルダ」によく使うファイルやフォルダをまとめ
ておくと、いちいちエクスプローラーで階層をたどる手間が省け
ます。

　フォルダやファイルをそのまま移動できないときは、ショート
カットを作成して、お気に入りフォルダに入れておく方法もオス
スメです。

　ファイルのショートカットは、元のファイルやフォルダをその
ままにしておきながら、簡単に開ける「近道」のようなものです。

　たとえば、よく使う書類がデスクトップになくても、そのショー
トカットをデスクトップやお気に入りフォルダに置いておけば、
元の場所を探さずにすぐに開けます。

　ショートカットを使えば、ファイルを移動しなくてもアクセス
が簡単になるので、とても便利です。

　見た目もスッキリ整理され、すぐに必要な情報にアクセスでき
るので、効率も上がるでしょう。

「お気に入り」機能や「お気に入りフォルダ」を使えば、毎日の
作業効率がグンと上がります。

　クラウドストレージを使っている場合は「お気に入り」機能を
活用し、パソコン内では「お気に入りフォルダ」を作成してファ
イルを管理しましょう。この方法で「探す時間」を減らし、快適
なパソコンライフを楽しんでください。

マイクロソフトの Word の 使い方を知りたい

これだけは知っておきたい基本操作

Microsoft Office は、ビジネスに欠かせないツールです。特に、Word、Excel、PowerPoint は業務効率を大幅に向上させるための重要なソフトウェアです。

• Word ってなんに使える？

Word（ワード）とは、文書作成のためのソフトウェアで、ビジネスから個人利用まで幅広く活用されています。

具体的には、報告書、レポート、手紙、履歴書、提案書など、さまざまな文書を作成する際に使用されます。

Word の魅力は、文章の作成だけでなく、デザインやレイアウトを整える機能も充実しているため、プロフェッショナルな文書を手軽に作成できることです。

たとえば、ビジネスレポートの作成時には、見出しや箇条書き、図表の挿入を簡単に行なえます。また、フォントや段落のスタイルを統一することで、文書全体を見やすく整えることができます。

さらに、Word は複数の人が同じ文書を編集する際にも便利な「変更履歴」機能があり、チームでの文書作成がスムーズに行なえます。

Wordの開き方

パソコンの「スタートメニュー」を開き、「Word」を検索します。「Word」をクリックして起動します。

新しい文書を作成する場合は、「新規」→「白紙の文書」を選択します。

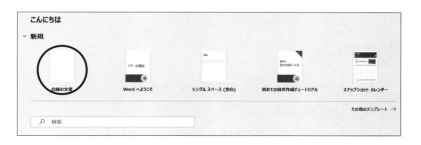

ファイルの保存方法

作成した文書を保存するには、画面左上の「ファイル」タブをクリックします。
「名前を付けて保存」を選択し、保存先を指定します。ファイル名を入力し、「保存」をクリックすれば完了です。

PDFなど他の形式への変換法

Wordでつくった文書をPDF形式で保存する場合は、保存時に「ファイルの種類」から「PDF」を選択します。
「保存」ボタンをクリックすると、Word文書がPDFとして保

存されます。この操作方法は、Excel や PowerPoint でも共通です。

これだけは知っておきたい３大ショートカット

　Word には、文書作成を効率化するための便利なショートカットが多数あります。特に知っておくと役立つショートカットを紹介します。

　選択したテキスト（文字や文章）を太字、斜体、または下線付きにして強調表示できます。重要な部分を目立たせるのに役立つ機能です。

　・選択部分を太字にする　**Ctrl キー ＋ B**
　・選択した部分を斜体にする　**Ctrl キー ＋ I**
　・選択した部分に下線を引く　**Ctrl キー ＋ U**

検索する

　他にも便利なショートカットがあります。

　Ctrl キー ＋ F で、文書内の特定の言葉やフレーズを検索できます。

　長い文書でも、必要な情報を瞬時に見つけ出すことが可能です。

置き換える

　Ctrl キー ＋ H で、特定の単語やフレーズを別の単語やフレーズに一括で置き換えることができます。たとえば、複数の「じかん」という文字を瞬時に「時間」と置き換えることができ、非常に便利です。

ページに区切りを入れる

Ctrl キー + Enter キーで、ページに区切りを入れることができます。

現在のカーソル位置でページを区切り、新しいページを開始できるということです。レイアウトを整えながら文書を作成する際に便利です。

エクセルは何のために使うものなの？

....

数値データの整理や計算が簡単にできる！

Excel は、データの管理や分析、計算を行なうための表計算ソフトです。ビジネスや教育、家庭での使用まで幅広く活用されており、数値データの整理や計算、グラフの作成が簡単に行なえます。

たとえば、売上データの集計、予算管理、在庫管理など、数値を扱うあらゆる場面で Excel は欠かせないツールです。

Excel の最大の強みは、データを視覚的に整理し、分析しやすい形に整えることができる点です。

単なる表形式のデータを超えて、関数や数式を使って複雑な計算を自動化し、グラフを使ってデータの傾向やパターンを視覚的に把握することができます。これにより、意思決定の質が向上し、作業が効率化されます。

● 計算してくれるように設定するには？（簡単な足し算の例）

Excel（エクセル）では、数式や関数を使ってデータの計算を簡単に行なえます。

たとえば、簡単な足し算を設定する手順を紹介します。

Excel を開きます。

任意のセル（例えばＡ１セル）に「10」、その下のＡ２セルに「20」と入力します。

次に、Ａ３セルを選択し、「＝Ａ１＋Ａ２」と入力してＥｎｔｅｒキーを押します。すると、Ａ３セルに「30」と表示されます。

これがＡ１セルとＡ２セルの値を足し合わせた結果です。

	A	B
1	10	
2	20	
3	=A1+A2	
4		
5		

	A	B
1	10	
2	20	
3	30	
4		
5		

このように、Excel では数式を使うことで、複雑な計算も簡単に自動化することができます。特定のセルに入力した数値が変更された場合でも、数式が設定されているセルは自動的に更新されるため、常に最新の計算結果を表示することができます。

文字、数字の打ち込み方と入力場所

Excel では、セルと呼ばれるデータを入力するための小さな枠に、文字や数字を入力します。各セルは、列と行の交差点に位置しており、セルには住所のように「Ａ１」「Ｂ２」などの名前（セル参照）が割り当てられています。

文字や数字の入力手順

　文字や数字を入力するには、任意のセルをクリックして選択します。選択されたセルは、枠が太線で囲まれます。

　そのセルに直接文字や数字を入力します。入力が完了したら、Enter キーを押すか、他のセルをクリックして入力を確定させましょう。

　複数のセルにデータを入力する際は、入力後に Enter キーを押すと、次のセルに移動しながら続けて入力が可能です。

　たとえば、A1セルに「売上」、B1セルに「10000」と入力することで、A列に項目名を、B列にその値を入力できます。

　このように、セルを表の各項目に見立ててデータを入力していくことで、表全体のレイアウトが整い、データを分析したり、計算するのが簡単になります。

	A	B
1	売上	10000
2	書籍	1000
3	セミナー	5000
4	オーディオブック	4000
5		

もう少しだけ Excel に 詳しくなりたい！

書式設定、シート管理、データ整理を楽にするショートカット

Excel をもっとスマートに使いこなしたいなら、ショートカットキーを覚えるのが一番です。便利なショートカットを駆使すれば、毎日の作業が驚くほど効率化されます。

ここでは、覚えておきたいショートカットをまとめてご紹介します。ぜひ、自分に合ったショートカットを見つけてみてください。

基本のコピー&ペーストで手間を削減！

Ctrl キー + C（コピー）、**Ctrl キー + V（ペースト）**は、Word にも共通する定番のショートカットです。選択したセルの内容をコピーして、別の場所にペーストできます。データの移動や複製に活躍します。

Alt キー + Shift キー + =で、選択した範囲の数値を一瞬で合計することができます。「ササッ」と集計したいときに役立ちます。

Ctrl キー + D で、上のセルの内容をコピーして複製できます。データを一括入力したいときに便利です。

Ctrl キー + ;（日付入力）、**Ctrl キー + Shift キー + :（時刻入力）**で、現在の日付や時刻が勝手に入力されます。タイムスタンプとして使えるので、履歴管理にも最適です。

Ctrl キー + Shift キー + Lで、選択範囲にフィルターを適用することができます。これにより、指定した範囲にドロップダウ

ンリストが追加され、データの絞り込みや検索が簡単に行えるようになります。大量のデータを扱う際に非常に便利なショートカットです。

ドロップダウンリストを使うと、選択肢がリストになって表示されるので、見たい項目を簡単にクリックして選ぶことができます。

たとえば、「男性」や「女性」を選ぶだけで、必要なデータだけをすぐに表示できます。リストから選ぶだけなので、データの絞り込みも簡単で、作業がスムーズに進みます。

書式設定をもっと自由に！

Ctrl キー ＋ 1 で、セルの書式設定ダイアログを開き、フォントサイズや色、セルの結合など、あらゆる設定を変更できます。セルの結合とは、いくつかのセルをくっつけて1つのセルをつくることです。

Ctrl キー + F（検索）でセル内の特定のテキストをすばやく検索でき、**Ctrl キー + H（置換）**で一括置換できます。

シートの管理も簡単に！

Ctrl キー + Page Up キー、**Ctrl キー + Page Down キー**は、複数のシートを行き来するときに便利です。レポート作成中のシート切り替えもラクラクです。

Excel を開くと表示される表、これをシートと呼びます。1つの Excel 内には、複数のシートをつくることができます。シートごとに表をつくることができるということです。

Shift キー + F11 キーで、ワークブックに新しいシートを即追加できます。プロジェクト管理に最適です。

データの保護や確認作業も素早く！

Ctrl キー + G で、特定のセルや範囲に瞬時に移動します。大量データの中で迷子にならずにすみます。

Alt キー + W + F + F、このショートカットを使うと、「フリーズペイン」という機能で見出しや特定の行・列を固定できます。

長い表やリストをスクロールすると、上にある見出し（たとえ

ば、日付や名前などのタイトル)が見えなくなってしまいますよね。

　そこで、このフリーズペインを使うと、見出しを常に画面上に固定できるようになります。これでスクロールしても、固定された部分が表示されたままになるので、なんの情報なのか迷わず確認できます。

　たとえば、顧客リストや売上データを見ているとき、フリーズペインを使うことで、表の一番上にある「名前」「売上」「日付」などの見出しが動かなくなり、データの内容がわかりやすくなります。

　Alt キー＋D＋S を使うと、データを昇順や降順に並べ替えるための「並べ替え」ダイアログボックスを開くことができます。列の基準を指定して、効率的にデータを整理整頓できます。データの整理が簡単になり、必要な情報を素早く見つけるのに役立ちます。

　ショートカットを使いこなして、Excel をもっと楽しく、効果的に使いこなしましょう。これらのショートカットを知っていれば、Excel での作業が驚くほどスムーズになります。

　ショートカットをうまく使って、毎日の仕事をもっと効率的に、そして楽しくこなしていきましょう。

PowerPoint で何ができるの？

会議、打ち合わせ、セミナー……プロの資料を手軽に

　PowerPoint（パワーポイント）は、ビジネスシーンや学校でよく使われています。どんなツールで、どう使うと便利なのでしょうか？

　PowerPoint は、プレゼンテーションを作成するためのソフトウェアです。スライドショー形式で情報を視覚的に伝えることができるため、ビジネスのプレゼン、セミナーから教育現場での授業資料、イベントの案内など、さまざまな場面で重宝されています。

　まずは、PowerPoint の基本機能をザックリご紹介しましょう。

スライドの作成・編集

　スライドにテキストや画像、グラフを挿入し、自由にレイアウトを整えられます。

　ポイントは、伝えたい情報をわかりやすく整理して配置することです。

　簡単に「文字を大きくして見やすくする」「写真を入れてインパクトを与える」といったことが可能です。

デザインテンプレートの利用

　「デザインに自信がない……」「どうすれば見やすいスライドになる？」

そんなときは、PowerPoint にあらかじめ用意されているデザインテンプレートを使えば OK です。プロフェッショナルな見た目のスライドが完成します。

アニメーション効果で魅せるプレゼン

スライド上のテキストや画像にアニメーション効果を追加することで、プレゼンに動きとダイナミズムを加えられます。重要なポイントを強調したり、情報を段階的に見せたいときに便利です。

スライド上で、テキストや図形を出現させたり、強調したり、消したり、動かしたりする機能と考えてください。

発表者モードでスムーズに進行

「スライドに書いてあることを読み上げるだけじゃダメだけど、次に何を言うか忘れそう……」、そんな心配もご無用。

発表者モードでは、自分にだけ見えるメモを画面に表示させながら、スライドショーを進行できます。これで、伝えたいことを忘れずにプレゼンできます。

・実際の仕事での活用シーン

PowerPoint は、どんな場面で役立つのでしょうか？　いくつかの具体的なシーンを見てみましょう。

会議での提案や商品説明などのビジネスプレゼンテーションでは、PowerPoint のスライドが欠かせません。グラフやチャートを使ってデータを視覚的にわかりやすく説明したり、写真や動画

を挿入してインパクトを与えることができます。

　教育や研修のための教材を作成する際に、PowerPoint は非常に便利です。スライドに画像や動画、リンクを貼り付けて、インタラクティブな教材を簡単につくれます。授業や研修で受講者の理解を深めるために役立ちます。

　企業や団体が開催するイベントやセミナーの案内スライドをつくるのにも最適です。テンプレートを活用し、情報を整理して見やすい案内資料を短時間で作成できます。

....

　PowerPoint は、単なるスライド作成ツールではありません。プレゼンテーションの内容を視覚的に強調し、聞き手に伝わりやすくするためのさまざまな機能が満載です。

　デザインに自信がない方も、テンプレートやアニメーションを使うことで、プロ並みの資料がつくれます。

　ぜひ、PowerPoint を活用して、あなたの伝えたいメッセージをより効果的に伝えてみましょう。

第2部【1】とにかく非効率をなくしたい！

PowerPoint、
何をどう始めればいいのか……
文字入力ができるようになればうまくいく

　PowerPoint を使い始めたとき、まず覚えておきたいのが「文字の打ち込み方」です。文字を使いこなせば、伝えたい情報をわかりやすく整理し、印象的なスライドを作成することができます。

文字の基本入力

　スライドに文字を入力するのは簡単です。スライドを開き、文字を入力したいエリア（テキストボックス）をクリックします。キーボードで文字を入力するだけです。すぐにテキストがスライドに表示されます。

　テキストボックスを追加するには、「挿入」タブをクリックし、「テキストボックス」を選択します。

　スライド上の好きな場所をクリックしてドラッグすると、新しいテキストボックスが作成されます。作成したテキストボックスをクリックして文字を入力することができます。

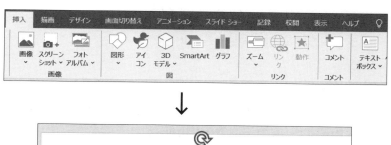

↓

フォントや色をカスタマイズ

文字のフォントやサイズ、色を変えることで質が高まります。

テキストを選択し、「ホーム」タブからフォントの種類、サイズ、色を選びます。太字や斜体、下線も簡単に設定できます。「強調したい！」と思った部分を変えると、より目を引くスライドになります。

また、テキストボックスを選択して、画面上の「中央揃え」「右揃え」「左揃え」などをクリックするだけで、文字の配置が整います。簡単に見やすいレイアウトをつくれます。

テキストにアニメーションを追加するには？

　テキストの視覚効果を使うために、アニメーションを追加しましょう。

「アニメーション」タブを選択し、テキストを選びます。

「フェード」「スライドイン」など、お好きなアニメーションをクリックするだけで動きを追加できます。

　アニメーションの速度や開始タイミングもカスタマイズ可能なので、プレゼンの流れに合わせて、文字を登場させましょう。

　文字の打ち込みは基本的な操作ですが、フォントや配置、アニメーションを工夫するだけで、スライドの見た目や印象が大きく変わります。

　視覚的な工夫を加えて、あなたのプレゼンをもっと魅力的にしてみましょう。

グラフや図のつくり方がわからない

データを効果的に伝えるスライド作成術

PowerPoint では、データを視覚的にわかりやすく伝えるために、グラフや図をつくることができます。

数字や情報をそのまま文字で伝えるのではなく、「見える化」することで、聞き手の理解を助け、インパクトを与えることができます。

基本的なグラフを作成するには？

グラフをつくるには、「挿入」タブをクリックし、「グラフ」を選択します。「棒グラフ」「円グラフ」「折れ線グラフ」など、目的に合ったグラフの種類を選びます。

Excel のシートが開くので、そこにデータを入力すると、PowerPoint にグラフが自動で挿入されます。

グラフのデザインをカスタマイズすることもできます。グラフをクリックすると、「グラフデザイン」タブが表示されます。

色の変更、データラベルの表示、グラフのスタイルを選んで、見やすくデザインしましょう。

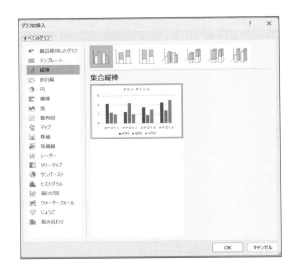

図（図形）を使って情報を整理する方法

図形を追加して情報を整理するには、「挿入」タブをクリックし、「図形」を選択します。

四角形、円、矢印など、使いたい図形をクリックし、スライド上でドラッグして配置します。

図形をダブルクリックしてテキストを追加したり、色や枠線を変更してカスタマイズできます。

SmartArt（スマートアート）でプロ並みの図を簡単に作成

プロっぽい図をつくりたいなら、「挿入」タブから「SmartArt」を選択してみてください。

「プロセス」「階層」「ピラミッド」など、説明したい内容に合ったデザインを選びます。テキストを入力するだけで、複雑な情報

もわかりやすい図として整理できます。

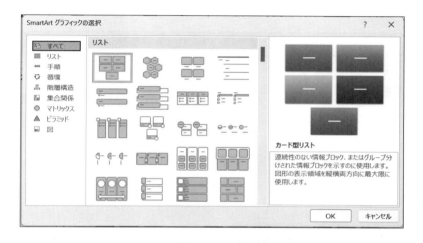

グラフや図のアニメーションでインパクトをプラス

グラフや図に動きをつけて目を引くこともできます。グラフや図を選択し、「アニメーション」タブをクリックします。

登場させるタイミングや動き方を設定して、スライドにダイナミズムを追加します。

「強調」「フェードイン」「回転」など、プレゼンの内容に合わせて効果的に使うことができます。

PowerPointでのグラフや図の作成は、見た目だけでなく、情報の伝わり方にも大きく影響します。

視覚的に整理されたデータは、聞き手の理解を深め、プレゼンをさらに強力なものにします。ぜひ、これらの機能を使いこなして、わかりやすいスライドをつくってみてください。

ここまできたら、
PowerPoint を使いこなしたい！

資料をつくる能力を上げるショートカット

　PowerPoint を使いこなすにも、ショートカットキーを覚えるのが効果的です。

　これらのショートカットを活用することで、プレゼンテーション資料の作成がさらに早く、スムーズになります。ここでは、便利なショートカットをカテゴリ別にまとめてご紹介します。

スライド操作をスムーズに

　Ctrl キー ＋ M で、新しいスライドを追加できます。

　Ctrl キー ＋ D で、選択したスライドやオブジェクトを複製できます。オブジェクトとは、PowerPoint や Word、Excel などで挿入される画像や図形、テキスト、アイコンなどの要素のことを指します。

テキストと書式の編集を効率化

　選択したテキストを太字にするには **Ctrl キー ＋ B**、斜体にするには **Ctrl キー ＋ I**、下線を引くには **Ctrl キー ＋ U** を活用します。テキストの強調に役立ちます。

　テキストを中央揃えにするには **Ctrl キー ＋ E**、左揃えは **Ctrl キー ＋ L**、右揃え **Ctrl キー ＋ R** でできます。レイアウトの調整に便利です。

Ctrl キー ＋ Shift キー ＋ ＞でテキストのサイズを大きくでき、**Ctrl キー ＋ Shift キー ＋ ＜**で小さくすることができます。テキストを素早く調整したいときに便利です。

オブジェクトの操作を素早く

Ctrl キー ＋ Gで選択したオブジェクト同士をグループ化でき、**Ctrl キー ＋ Shift キー ＋ G**でグループを解除できます。複数の図形やテキストボックスをまとめて操作するのに便利です。

Ctrl キー ＋ 矢印キーは、選択した図形や画像、テキストボックスなどを少しずつ動かすためのショートカットです。

これを使うと、マウスで動かすよりも正確にオブジェクトを移動でき、配置を素早く調整したいときに便利です。たとえば、スライドの中で画像や図形を並べるとき、マウスで動かすと少しズレたりしてしまうことがあります。

このとき、Ctrl キー ＋ 矢印キーを使うと、オブジェクトを一定の距離ごとにピタッと動かせるので、細かい調整が簡単にできます。

マウスでサイズを変更すると、思ったより大きくなったり小さくなったりすることがありますが、Shift キー ＋ 矢印キーを使うと、少しずつサイズを変更できるので、微妙な大きさの違いを調整するときに便利です。

プレゼンテクニックも上げられる？

....

プレゼンでの見せ方はここまで工夫できる

　スライドショーを効率化し、プレゼンのレベルを上げられます。資料をうまく見せていくと、高いレベルのプレゼンができます。

リハーサルのために

　F5 でスライドショーを最初のスライドから開始でき、Shift + F5 で現在のスライドから開始できます。本番のリハーサルや最終チェックに便利です。

プレゼンの進行に役立つ

　N、または Enter キーを押すと、次のスライドに進み、P で前のスライドに戻れます。スライドショーの進行に役立ちます。

説明に集中してもらいたいとき

　また、スライドショー中に「B」を押すと画面が真っ黒に、「W」を押すと真っ白になります。注目をスライドから外して説明に集中させたいときに便利です。

ジャンプしたいとき

　数字キー + Enter キーで特定のスライドにジャンプします。たとえば、3 + Enter キーで 3 枚目のスライドを素早く表示させら

れます。

レーザーポインター機能

Ctrl キー + L で、マウスカーソルがレーザーポインターにかわります。スライドショー中に重要な部分を指し示すときに役立ちます。プレゼンターが視聴者に特定の部分を注目してもらいたいときに便利です。

ペンで説明を補足する

Ctrl キー + P でペンツールに切り替わり、スライド上に自由に書き込みができます。たとえば、スライドの内容に補足説明を加えたり、図を描いて強調したいときに使えます。視覚的に説明を加えることで、理解が深まりやすくなります。

ペンツールで書き込んだ内容を消したいときは、Ctrl キー + E で消しゴムに切り替えることができます。スライド上に書いた線や文字を簡単に消して、スライドを元の状態に戻せます。

全体を見てジャンプしたいとき

Ctrl キー + S で、スライドの一覧（ナビゲーション）を表示します。特定のスライドに直接ジャンプするときに便利です。

PowerPoint をうまく使いこなせれば、プレゼンテクニックを上げることにつながります。ぜひ、効果的に使いこなしてみてください。

知っておくと
便利なテクニックが知りたい

··

PowerPoint のちょっとした裏技

　ここからは知っておくと便利なショートカットを紹介します。作業効率がぐっと上がるテクニックです。

やっぱりやり直したいとき

　Ctrl キー ＋ Y は、「取り消した操作をやり直す」という機能です。たとえば、Ctrl キー ＋ Z で何かを取り消した後、やっぱり元に戻したい場合に Ctrl キー ＋ Y を押すと、再びその操作を実行することができます。

ファイル管理を効率化！

　Ctrl キー ＋ N で、新しいプレゼンテーションを作成します。新しいプロジェクトをすぐに始めたいときに便利です。

ノート欄の表示

　Ctrl キー ＋ Shift キー ＋ H で、PowerPoint の「ノート欄」を出したり隠したりできます。

　スライド作成中に、ちょっとしたメモを書き込んだり、プレゼンで話す内容を整理したいときに使う「ノート欄」を瞬時に表示したり、必要なければすぐに隠すことができます。

絶対知っておけ！ という コツはありますか？

デザインを統一させ、シンプルにわかりやすく伝えるコツ

PowerPoint を使いこなすために、ぜひ知っておいてほしいテクニックがあります。これらをマスターするだけで、プレゼンテーションの質がぐんと向上し、仕事関係者の心をぐっとつかむことができます。

ここでは、「スライドマスター」と「SmartArt」の使い方をご紹介します。

デザインの統一感を保つための「スライドマスター」の活用

プレゼンテーションを作成するとき、スライド全体のデザインが統一されていることはとても重要です。

見た目に一貫性があると、プロフェッショナルな印象を与え、メッセージもより効果的に伝わります。ここで役立つのが、「スライドマスター」の機能です。

スライドマスターって何？

スライドマスターとは、すべてのスライドの「親（ベース）」となるテンプレートのことです。このスライドマスターを使うと、フォント、色、背景、ロゴの位置など、すべてのスライドのデザインを一括で設定できます。

第2部【Ⅰ】 とにかく非効率をなくしたい！

たとえば、10枚、20枚といった大量のスライドをつくる場合、1枚1枚デザインを調整するのは大変です。

　でも、スライドマスターは、一度設定するだけで全スライドに自動的に反映されます。同じテンプレートでスライドをつくっていけるということです。

　また、後からデザインを変更したくなっても、スライドマスターで編集すれば全スライドが一瞬で更新されるので、修正の手間が省けます。

　デザインが統一されているプレゼンテーションは見やすく、内容も理解しやすくなります。

　プレゼンの印象をプロフェッショナルなものにしてくれるので、説得力がアップします。

「スライドマスター」を使いこなして、効率的かつ魅力的なプレゼンを目指しましょう。

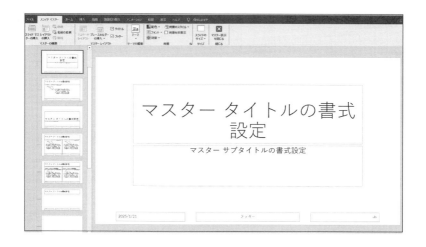

「SmartArt」で情報をわかりやすく視覚化

先にも少しお話ししましたが、次にご紹介するのは、情報を視覚的に整理するのに役立つ SmartArt の活用です。

SmartArt は、文章だけでは伝わりにくい情報を、図やグラフとしてわかりやすく表示してくれる便利な機能です。

SmartArt は、リストやプロセス、組織図、フローチャートなど、さまざまな形式で情報を図として表示するためのツールです。

複雑なデータや手順を視覚的に整理することで、プレゼンされる側は一目で内容を理解できるようになります。

たとえば、業務プロセスの流れを説明する場合、テキストだけで伝えようとすると時間がかかり、わかりにくくなることもあります。

でも、SmartArt を使ってフローチャートにすることで、情報が整理され、簡潔に伝わります。さらに、プロフェッショナルなデザインが揃っているので、見た目もバッチリです。

視覚化が生む効果

情報を図にすると、全体像がつかみやすくなり、理解も早くなります。特に、聴衆にとって難しいテーマを説明する際には、SmartArt が大きな力を発揮します。見せ方ひとつで、プレゼンのインパクトが大きく変わるので、ぜひ SmartArt を活用してみましょう。

PowerPoint の「スライドマスター」と「SmartArt」をうまく

使いこなすことで、デザインの統一感を保ちつつ、複雑な情報を
わかりやすくシンプルに視覚化することができます。

　これらのテクニックを知っているだけで、あなたのプレゼン
テーションが一段と魅力的に、そしてプロフェッショナルに変わ
ります。

　ぜひ、これらの方法を試して、効果的なプレゼン資料をつくっ
てみてください。

第2部 【一】 とにかく非効率をなくしたい！

第 **2** 部

とにかく非効率を
なくしたい！
【Ⅱ】

グーグル、マイクロソフト、Windows、
Zoom の上手な使い方

ここまで、パソコンの効率的な操作法と、Word、Excel、PowerPoint の使い方についてお話ししてきました。

この章では、Windows の使い方、そして、グーグル、マイクロソフト、Zoom の便利機能についてお話ししていきます。

ビジネスパーソンなら、これらを使いこなせなければ、仕事に支障が出ます。

ちょっとしたコツを知るだけで、仕事が効率的になりますよ。

たくさんの便利機能があり、ほとんどの人が使いこなせていないので、ぜひ活用して差をつけましょう。

Windows の機能を
使いこなせていない……

集中して仕事をするために効果的な機能

　Windows には、パソコン作業をもっと効率的に、そして快適にする便利な機能がたくさんあります。ここでは、知っておくと役立つ Windows の機能をご紹介します。

仮想デスクトップ

　仮想デスクトップは、簡単にいうと、「パソコンの画面を増やす」ような機能です。

　たとえば、1 つの画面で「仕事用」と「プライベート用」を切り替えて使うことができるので、作業を分けやすくなります。

　仕事用の仮想デスクトップであれば、「仕事専用の机」が目の前にあるような感じです。そこには、仕事に必要なファイルやツール（メールや仕事のアプリ）だけを並べるようにして使います。

　プライベートモードの仮想デスクトップに切り替えると、今度は「プライベート専用の机」に変わる、といったイメージです。そこには YouTube や SNS、趣味のものだけを並べておくようにします。

　このように、利用シーンに応じて使い分けができる「見えない机」を切り替える感覚だと思ってください。

　つまり、1 台のパソコンの中に、仕事用のパソコン、プライベート用のパソコンなど、複数のパソコンが存在しているという

イメージです。

画面がごちゃごちゃしなくなって、集中しやすくなりますし、仕事とプライベートをスムーズに切り替えられるので、効率がアップします。

Windows キー + Ctrl キー + D で新しい仮想デスクトップを追加できます。また、Ctrl キー + Windows キー + 矢印（左右）で、素早く切り替えできます。

クリップボード履歴

クリップボード履歴は、過去にコピーしたテキストや画像を簡単に呼び出して使えます。複数のアイテムを使い回したいときに便利です。

Windows キー + V を使うと、過去にコピーしたものをすぐに確認・選択でき、効率的に作業が進みます。Windows11 で初めて使う場合は、「有効にする」ボタンをクリックして機能をオンにしてください。

Focus Assist（集中モード）

作業への集中力を高めるための機能もあります。

通知を一時的にオフにして、集中できる環境をつくることができます。特に集中したい作業や会議中に便利です。

Windows キー + A で「アクションセンター」を開き、「集中モード」アイコンをクリックしてオンにします。

ただし、Windows11 では設定方法が変わっています。

設定から「システム」→「通知」の順に選択します。「応答不可」

をオンにすれば完了です。

「応答しない」設定をすると、集中したいときに通知に邪魔されることがなくなります。

Windows Sandbox（サンドボックス）

セキュリティと快適性を高めるツールもあります。

Windows Sandboxを使うと、安全にソフトウェアをテストできる仮想環境がつくれます。

たとえば、よくわからないソフトをインストールして試したいときや、ネットからダウンロードしたファイルを安全に開きたいときに最適です。

スタートメニューの検索ボックスに「Windowsの機能」と入力し、「Windowsの機能の有効化または無効化」を開き、「Windows Sandbox」を有効化します。

Sandbox内で試したファイルやソフトは、閉じるとすべて自動

で削除されます。これにより、本来の PC 環境を汚さず、安全にテストができるため、ウイルス感染などのリスクを最小限に抑えられます。

初心者でも、安心して新しいソフトウェアを試せるのが大きな利点です。

Sandbox を利用するには、インストールが必要です。Windows キーと R キーを同時に押すと、画面左下に「ファイル名を指定して実行」と出ます。ダイアログが出てくるので "optionalfeatures.exe" と入力して OK ボタンを押します。

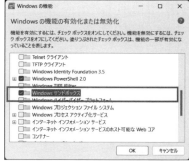

ファイル管理と共有を
スムーズに行ないたい

すぐにアクセス、すぐに共有

　マイクロソフトの OneDrive ファイルオンデマンドは、クラウド上のファイルをパソコン自体にダウンロードせずに使用でき、ストレージの節約が可能になります。

　OneDrive アイコンを右クリックし、「設定」→「設定」タブで「ファイルオンデマンド」をオンにします。

　また、クイックアクセスは、よく使うフォルダや最近使ったファイルに素早くアクセスする機能で、作業の効率化をします。フォルダを右クリックし、「クイックアクセスにピン留めする」を選択すれば OK です。

　Nearby Sharing（ニアバイシェアリング）は、近くの Windows デバイスとファイルやリンクを簡単に共有できます。

　Windows キー + A で「アクションセンター」を開き、「近くの共有」をオンにし、共有したいファイルを右クリックして「共有」します。

システム › 近距離共有

近距離共有
ファイル、写真、リンクを近くの Windows デバイスと共有する
近距離共有の速度を向上させる方法

○ オフ

○ 自分のデバイスのみ

○ 近くにいるすべてのユーザー

すごく便利な機能ってないんですか？

PowerToys の内容と設定方法

Windows をさらに便利にしてくれるツール、「PowerToys（パワートイズ）」をご紹介します。Windows の操作をもっと便利にするためのツールセットで、これを使いこなすだけで日常の作業がグッと快適になります。

各機能は Powertoys の画面から有効 / 無効を切り替えることができます。各機能を使う場合は、有効になっていることを確認してから使いましょう。

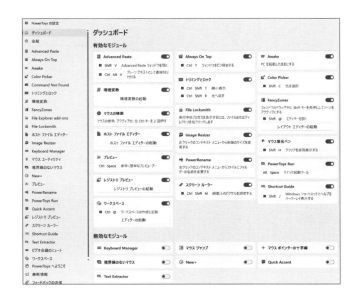

まずは、Microsoft StoreからPowerToysをインストールする方法をご紹介します。

スタートメニューから「Microsoft Store」を検索して開きます。

Microsoft Storeの検索バーに「PowerToys」と入力して検索してください。

検索結果から「PowerToys」を選び、「インストール」ボタンをクリック。これで自動的にダウンロードとインストールが開始されます。

インストールが完了したら、スタートメニューから「PowerToys」を検索し、アプリを起動します。これで、PowerToysの各機能を設定し、使い始める準備が整いました。

それでは、PowerToysで使える便利な機能をいくつかご紹介します。

PowerRename（ファイルの一括リネーム）

ファイルやフォルダの名前を一括で変更できる「PowerRename」。たくさんのファイル名を一度に変えたいとき、手作業で一つひとつ変更するのは大変ですよね？　この機能を使

えば、一気に名前を変更できます。使い方は簡単です。

ファイルエクスプローラーで名前を変えたいファイルやフォルダを選択し、右クリックして「PowerRename」を選びます。

ダイアログボックスで新しい名前や置換条件を設定し、「リネーム」します。これで、一括変更が完了します。

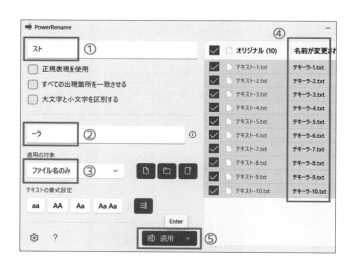

Text Extractor（テキスト抽出）

「Text Extractor」は、画面上の画像からテキストを抽出してコピーできる機能です。

画像に書かれた文字を打ち直すのはもう古いのです。この機能を使えば、文字をすぐにコピーしてテキスト化できます。

Windowsキー + Shift + T を押して、テキストを抽出したい部分を選択。

そのエリア内の文字が自動的にクリップボードにコピーされます。

PowerToys には、他にも便利機能があるので、一度インストールして、自分に合ったツールを探してみてください。

手作業でやっていた、めんどくさい作業を一瞬で解決してくれるでしょう。

ぜひ一度試してみて、Windows の操作をもっと楽しく、スムーズにしてみてください。

Gmail を使いこなしたい

便利なショートカット、メールの自動振り分け、型文の設定

　グーグルの各種ツールは、日常業務の効率化に非常に役立ちます が、適切に使いこなせていないと、作業が滞ったり、周囲に迷 惑をかけることがあります。

　ここでは、グーグルの代表的なツールである Gmail やグーグ ルカレンダーを活用して、業務の効率化を図る方法を紹介します。

メール管理とショートカット、メール自動化ツール

　Gmail は、グーグルが提供する強力なメールプラットフォーム で、使いこなせばメールの処理や管理が非常に効率化されます。 特に、ショートカットや自動化ツールを活用することで、日々の メール管理がスムーズに進みます。

　以下のショートカットを覚えることで、キーボードから手を離 さずに操作ができ、メール処理のスピードが向上します。

「C　新規メール作成」「R　返信」「A　全員に返信」「E　アー カイブ」「Shift キー + U　未読に戻す」「Shift キー + # キー　削除」

　初期設定でショートカットが無効になっているとこのテクニッ クは使えないので、設定から「キーボードショートカット」を ON にしましょう。

メールの自動化ツール

Gmailにはフィルター機能があります。

特定の条件に基づいてメールを自動的に振り分けたり、ラベルを付けたりできます。たとえば、特定のドメインからのメールを自動的にフォルダに振り分ける設定が可能です。

仕分けルールの作成 ×

次の条件に一致する電子メールを受信したとき

☐ 差出人が次の場合(F):

☐ 件名が次の文字を含む場合(S):

☐ 宛先が次の場合(E):

実行する処理

☐ 新着アイテム通知ウィンドウに表示する(A)

☐ 音で知らせる(P):　　　　　　　　　　　　▶　■　　参照(W)...

☐ アイテムをフォルダーに移動する(M):　フォルダーの選択　　　フォルダーの選択(L)...

OK　　キャンセル　　詳細オプション(D)...

テンプレート機能

よく使う返信内容をテンプレートとして保存し、くり返し使うことで返信作業を効率化できます。

Gmailの「設定」→「すべての設定を表示」→「詳細」→「テンプレート」で設定できます。

会社のメールを
Gmailで見たい、送りたい

メールを1カ所で管理し、送受信する

　たとえば、yourname@yourcompany.com といった、自社のメールアドレスを Gmail に同期すれば、すべてのメールを1カ所で管理できます。

　これなら、場所を選ばないので、メールチェックや返信作業がぐっとスムーズになりますよね。ここでは、Gmail を使って自社メールを受信・送信できるようにする方法を、簡単な手順でご紹介します。

Gmailで自社メールを受信する方法

　Gmail 上で自社のメールアドレス宛のメールを受信できるように設定してみましょう。

　まずは、Gmail の設定を開きます。右上にある歯車アイコン(⚙)をクリックして「すべての設定を表示」を選択してください。設定画面で「アカウントとインポート」タブをクリックします。そして、「他のアカウントからメールを確認」をクリックします。次に「他のアカウントからメールを確認」を選択し、あなたの自社メールアドレスを追加しましょう。

　ここまでできたら、必要な情報を入力していきます。メールアドレスとパスワード、そして POP3 サーバー情報を入力します。

　POP3 とは、自社メールサーバーから Gmail にメールを取り込

むための仕組みです。受信するために必要な情報を入力するだけでOKです。

この設定が完了すると、Gmailで自社メールアドレスのメールを受信できるようになります。

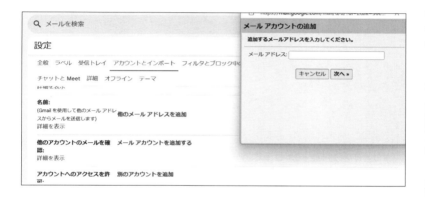

Gmailで自社メールを送信する方法

次に、Gmailを使って自社のメールアドレスからメールを送信できるようにしてみましょう。

「アカウントとインポート」タブで「別のメールアドレスを追加」します。「アカウントとインポート」タブに戻り、「名前」セクションの「別のメールアドレスを追加」をクリックします。

新しいウィンドウが開くので、ここに自社メールアドレスを入力します。

自社のメールを送信するために必要なSMTPサーバー情報を入力します。

SMTPとは、メールを送信するためのサーバーです。これを設

定することで、自社メールアドレスを使って Gmail からメールを送信できます。

　これで、Gmail を使って自社メールアドレスからメールを送信できるようになります。

Gmail でこれらの設定を行なうことで、Gmail の使い慣れたインターフェースを活用しつつ、すべてのメールアカウントを1カ所で管理できます。

　結果として、メールのチェックや返信が簡単になり、重要なメールを見逃すリスクも大幅に減らせます。

　ぜひこの方法を試して、メール管理をもっと快適にしてみてください。

グーグルカレンダーで予定を確実に管理したい

予定の調整、忘れない仕掛け、見やすくスケジュール管理

グーグルカレンダーは、スケジュール管理をシンプルかつ効率的に行なえる強力なツールです。ここでは、グーグルカレンダーを活用した予定管理のコツをご紹介します。

カレンダーの共有で予定をスムーズに調整

自分のチームとカレンダーを共有すると、予定の調整がスムーズにできます。共有されたカレンダーには、他のメンバーの予定が自動的に反映されるため、ダブルブッキング（予定の重複）を防げます。

共有方法は、グーグルカレンダーにアクセスし、左側の「マイカレンダー」から共有したいカレンダーを探します。

カレンダー名の右にある「：（縦の3点）」アイコンをクリックして、「設定と共有」を選びます。

そして、「特定のユーザーと共有」セクションで、「ユーザーを追加」をクリックします。

共有したい相手のメールアドレスを入力し、「送信」をクリックします。相手が承認すると、カレンダーが共有されます。

リマインダーと通知を設定して大事な予定を忘れない！

　大事な予定を忘れないためには、リマインダーや通知を設定しておきましょう。メールやポップアップ通知を使って、事前にお知らせを受け取ることができます。

　では、通知の設定方法です。新しい予定を作成する際、または既存の予定をクリックして、「編集」を選びます。

「通知」の欄で、通知を設定したい時間（たとえば、３０分前など）を選びます。

　通知方法として「メール」または「ポップアップ」を選び、「保存」をクリックします。

複数のカレンダーで視覚的にスケジュールを整理

　仕事用、プライベート用、プロジェクト別など、複数のカレンダーを作成して色分けすれば、予定がひと目でわかります。用途別にカレンダーを管理することで、スケジュールを整理すること

が可能です。

　カレンダーの作成と管理方法は簡単です。

　グーグルカレンダーの左側にある「マイカレンダー」の下の「+」ボタンをクリックし、「新しいカレンダーを作成」を選びます。

　カレンダーの名前を入力し、必要に応じて説明やタイムゾーンを設定して「作成」をクリックします。

　作成したカレンダーは、色を変えたり表示・非表示を切り替えたりすることで、見やすさをカスタマイズできます。

第2部　【Ⅱ】　とにかく非効率をなくしたい！

仕事に使えるグーグルアプリを教えてください

・・・
グーグルの便利なメモとは？

　グーグルのアプリは、私たちの日常生活や仕事をよりスムーズにしてくれる強力なツールです。そこで、特に役立つアプリとその機能を、どんなシーンで使えるかを含めて詳しくご紹介します。パソコンとスマホの両方で使えるのが魅力です。

　Google Keep は、簡単に使えるメモアプリです。ちょっとしたアイデアを書き留めたり、リストを作成したり、写真や音声を保存したりするのに最適です。

　Keep を使えば、スマホやパソコンの両方でメモを管理できるので、いつでもどこでもすぐにメモが見られます。

便利機能 1　カラフルなラベルとリマインダー

　たとえば、仕事で会議の内容をメモしたり、やるべきことリストや買い物リストを作成したりするときに役立ちます。カラフルなラベルでメモをカテゴリごとに整理でき、リマインダーを設定しておけば、メモした内容を忘れる心配もありません。

　Google Keep アプリで「新しいメモを作成」をタップし、メモの内容を入力します。

　下部の「ラベル」をタップしてカテゴリ（仕事、プライベートなど）を追加し、右上の「ベルアイコン」をタップしてリマイン

ダーを設定します。設定した時間に通知が届くので、重要なことを見逃すことがなくなります。

便利機能2　音声メモと画像の文字認識

　手が離せない作業中や移動中でも、思いついたアイデアをメモしたいときに便利です。

　また、会議でホワイトボードに書かれた内容を写真に撮り、文字として保存することもできます。

　Google Keepで「+」をタップし、「録音」を選んで話すと、音声がテキスト化されてメモになります。

　写真を撮る場合は、「画像を追加」を選び、保存したい内容を写真に撮ります。その後、「画像からテキストを取得」を選ぶと、写真に含まれる文字が自動的にテキスト化されます。

「Google Keep」アプリをスマホに入れておけば、アイデアを思いついたその場でサッとメモできます。外出中にふと思いついたことも、忘れずにメモできるので便利です。

　家に帰ったらパソコンでそのメモを開いて、じっくり編集できるので、後から「あれなんだったっけ？」とならずに済む優れたアプリです。

リモート打ち合わせ、会議がいつもイマイチ

事前準備とフォローアップ

　リモートワークが普及する中、オンライン会議や打ち合わせが日常的になっていますが、対面でのコミュニケーションと比べて、違和感や物足りなさをいだくこともあるかもしれません。

　しかし、オンライン会議は時間や場所に縛られないという大きなメリットがあります。

　ここでは、打ち合わせや会議を効果的に進めるための方法と、主要なオンライン会議ツールの活用法について紹介します。

　ポイントを押さえておくことで、オンライン会議でも対面と同等、もしくはそれ以上の成果を得られます。

アジェンダの事前共有

　会議の目的や議題を事前に明確にし、参加者全員で共有しておきましょう。これにより、会議中の脱線やムダな議論を避けることができます。

　アジェンダは、グーグルの Docs やマイクロソフトの Word を使って作成するのがオススメです。

　さらに、Google Drive や OneDrive を活用することで、作成したアジェンダをクラウド上で共有し、リアルタイムでの共同編集が可能になります。

　アジェンダとは、「いつ行なわれるのか」「誰が参加するのか」「何のために行なうのか」「どんな内容か」ということです。

参加者全員がアジェンダにアクセスして内容を確認したり、意見を加えたりすることで、会議がよりスムーズに進行します。

Google Drive での共有方法

　Docs でアジェンダを作成したら、右上の「共有」ボタンをクリックします。

　共有相手のメールアドレスを入力し、編集権限（閲覧のみ、コメント可能、編集可能）を設定します。

「送信」をクリックすると、共有リンクが送られ、指定した相手がドキュメントにアクセスできるようになります。

OneDrive での共有方法

　Word でアジェンダを作成したら、右上の「共有」ボタンをクリックします。

　共有したい相手のメールアドレスを入力し、権限を設定します（編集、表示のみなど）。

「送信」をクリックすると、共有リンクが送信され、指定した相手がアジェンダにアクセスし、共同編集できるようになります。

記録とフォローアップ

　会議内容はしっかりと記録し、会議終了後に全員で共有します。また、フォローアップのメールやタスク管理ツール（Google Tasks や Microsoft To Do など）を使って、アクションアイテムを追跡しましょう。

　アクションアイテムとは、プロジェクトの目標に向けて行動するために、関係者との会議を通じて作成したタスクのことです。

　これにより、会議で決まったことが確実に実行されます。

Zoom、Teams を使う メリットってあるの？

オンライン会議×ツールで会議の質を上げる

　オンライン会議ツールを効果的に使うことで、遠隔地にいるメンバーともスムーズにコミュニケーションが取れるようになりました。

　以下に、代表的なオンライン会議ツールである Zoom と Microsoft Teams の活用方法を紹介します。

画面共有

　Zoom では、画面共有機能を使って、プレゼンテーション資料やウェブページを参加者全員に見せながら説明することができます。

　また、画面上に注釈を加えることもできるため、視覚的に情報を伝える際に非常に便利です。

ブレイクアウトルーム

　会議を小グループに分けて行ないたい場合、ブレイクアウトルーム機能を活用するといいでしょう。これにより、参加者を複数のグループに分けて、それぞれの議論を並行して行なうことができます。

バーチャル背景

Zoom には、背景をバーチャル背景に置き換える機能があります。これにより、周囲の雑音やプライバシーを守りながら、プロフェッショナルな印象を保つことができます。

Zoom Scheduler（スケジューラー）

有料ですが、Zoom には「Zoom Scheduler」機能があります。これを使うと、グーグルカレンダーや Outlook と連携し、会議のスケジュールを簡単に設定できます。

スケジュールを作成すると、自動的に Zoom ミーティングのリンクが生成され、参加者に共有されるため、手間を大幅に減らせます。

Microsoft Teams や Zoom では、会議中でもチャット機能を使ってリアルタイムで質問やコメントを投稿することができます。

また、チームごとにチャンネルを作成し、特定のプロジェクトやトピックについての議論を継続的に行なうことも可能です。

共同作業機能

Teams は、Microsoft 365 と連携しているため、Word や Excel、PowerPoint などのファイルをリアルタイムで共同編集できます。

会議中に資料をその場で修正し、全員が最新の情報を即座に共有できるのが大きなメリットです。

会議の録画

　重要な会議やプレゼンテーションは、録画機能を使って記録しておくと便利です。録画された会議は、後から視聴することができ、欠席したメンバーへの共有や復習に役立ちます。これは、Zoom と Teams の両方にある機能です。

スケジュール予約アプリと会議ツールの連携

　スケジュール予約アプリを利用している場合、オンライン会議ツールと連携しているアプリを活用すると、会議の設定やスケジュール管理がさらに便利になります。

　たとえば、Zoom Scheduler などのスケジュール予約アプリは、Zoom Meeting と連携させることで、自動的に会議リンクを生成し、予約した時間に合わせて会議を設定することが可能です。

　これにより、スケジュール管理が効率化され、手動で会議リンクを作成する手間が省けます。

　オンライン会議の効果を最大限に引き出すためには、ツールを使いこなすだけでなく、会議の進行方法や準備も工夫が必要です。

　対面と比べて劣っていると感じる部分を補うためにも、ここで紹介したポイントを意識して、より効率的で充実したオンライン会議を実現しましょう。

　オンライン会議には、移動の労力や時間の面でとてもメリットがあるので、どんどん活用していきましょう。

パソコンの動きが重くなってはかどらない……

サクサク動かすために簡単にできる4つの対処法

パソコンを長時間使っていると、動作が遅くなったり、アプリケーションの起動に時間がかかることがありますよね。

でも、心配無用です。ちょっとした設定を見直すだけで、パソコンがサクサク動くようになります。簡単にできる対処法をご紹介します。

不要なアプリケーションやプロセスを終了

たくさんのアプリを同時に開いていると、パソコンが重くなってしまいます。不要なアプリやプロセスを終了するだけで、パソコンが軽くなることも多々あります。

Ctrl キー + Shift キー + Esc キーを押して、タスクマネージャーをサッと開きます。

「プロセス」タブで、リソースをたくさん使っているアプリやプロセスをチェックして、不要なものを右クリックして「タスクの終了」を選択しましょう。

ディスククリーンアップで不要なファイルをおそうじ

ハードディスクに不要なファイルが溜まると、パソコンの動きが鈍くなります。ディスククリーンアップでそうじすれば、動作が軽くなります。

Windows キーを押して、「ディスククリーンアップ」と入力。すぐにツールが表示されます。

指定したドライブ（通常は「C:」）を選択し、「OK」をクリックして不要なファイルを削除しましょう。

使ってないアプリケーションをアンインストール

アプリが多いと、それだけでパソコンが重くなります。不要なものは思い切って削除して、軽くしましょう。

検索で素早く操作できます。Windows キー + I を押して、「設定」を開きます。

「アプリ」→「アプリと機能」をクリックしましょう。不要なアプリを選んで「アンインストール」をクリックしてください。

ウイルススキャンで安心＆軽快

ウイルスやマルウェアがいると、パソコンの動きが極端に遅くなることがあります。定期的にスキャンして、安全性と快適さを保ちましょう。

Windows キー を押して、「Windows セキュリティ」を検索して開きます。

「ウイルスと脅威の防止」→「クイックスキャン」をクリック。これで、すぐにスキャンが始まります。

パソコンを長時間使いっぱなしにしていると、動作が遅くなることもあります。時々、再起動するだけで、リソースが解放されスムーズになるので心がけてみてください。

パソコンが重くなる前に
なんとかできませんか？

動作が遅くなる前にできる６つの予防策

パソコンがサクサク動いていると気持ちがいいですよね。でも、ちょっと気を抜くとすぐに重くなってしまうもの……。

そんな悩みを解決するために、今すぐできる予防策をご紹介します。これで快適なパソコンライフを手に入れましょう。

定期的なメンテナンスでいつも快適

パソコンも私たちの体と同じで、定期的なメンテナンスが大事です。

定期的にディスククリーンアップや不要なファイルの削除、ウイルススキャンを行なうことで、動作をいつも快適に保てます。

パソコンのパフォーマンスを保つには、定期的なメンテナンスが欠かせません。毎日使っていると、パソコンには不要なファイルや一時ファイルがたまりやすくなります。

また、ウイルスやマルウェアの脅威にさらされることもあるので、定期的に対策を行なうことが大切です。

定期的にパソコンを再起動したり、ディスククリーンアップやウイルススキャンを行なう時間を決めておきましょう。

ショートカットで素早くスキャン

Windows キーを押して「Windows セキュリティ」と入力し、

クイックスキャンを開始しましょう。

ストレージの最適化でスッキリ

パソコンのストレージがいっぱいになると、動きが鈍くなります。不要なファイルやアプリを定期的に削除したり、クラウドストレージを使ったりして、容量を確保しましょう。

Google Drive や OneDrive に大切なファイルを保存して、パソコンのストレージを節約しましょう。

Windows キーを押して「OneDrive」と入力、指示に従って設定完了です。

ソフトウェアの自動更新を忘れずに

ソフトウェアや OS が古いままだと、動作が遅くなったり、セキュリティのリスクが高まります。自動更新を有効にして、いつでも最新の状態を保ちましょう。Windows キーを押して「更新とセキュリティ」と入力、「Windows Update」を選択します。自動更新を「オン」に設定すれば OK です。

不要なスタートアッププログラムをオフに

パソコンを起動したときに自動で立ち上がるプログラムが多すぎると、起動時間が長くなり、動作にも影響します。スタートアッププログラムを整理して、すばやく立ち上げましょう。

Ctrl キー + Shift キー + Esc キー を押してタスクマネージャーを開き、「スタートアップ」タブをクリック。不要なプログラムを選んで「無効化」をクリックするだけです。

エネルギー設定でパワー全開

　パソコンの電源設定を「高パフォーマンス」にすることで、動作がさらに快適になります。

　ただし、ノートパソコンの場合はバッテリーの消耗が早くなるので、電源に接続して使うのがオススメです。

　Windows キーを押して「電源オプション」と入力し、「高パフォーマンス」を選んで設定完了です。

....

　定期的なメンテナンスでパソコンは快適に使うことができます。これらの予防策を取り入れることで、パソコンのパフォーマンスを維持し、毎日の作業をスムーズに進められます。

一番快適な環境をつくりたい！

作業環境をカスタマイズする

　パソコンでの作業を、もっとスムーズにしたいと思いませんか。Windows には、キーボードの入力速度やマウスの動きを早くしたり、タッチパッドの感度を調整して、作業をより快適にする設定があります。ここでは、その簡単な設定方法をご紹介します。

キーボード入力の速度をアップ

　キーを押したときの反応速度や、押し続けたときの文字のリピート速度を上げると、入力作業がぐんとスピードアップします。

　Windows キーを押して、「コントロール パネル」と入力して開きます。「キーボード」を検索してクリックします。

　ここで速度を調整できます。

マウスの速度をカスタマイズ

　マウスのカーソルが速く動けば、広い画面でも手間なく操作できます。これで、よりスムーズに作業が進みます。

　Windows キー を押して、「マウス」と入力し、表示された「マウスの設定」をクリックします。

　スライダーを動かして調整しましょう。

112

タッチパッドの感度を調整

　ノートパソコンをお使いの方は、タッチパッドの感度を調整すると、指の動きに素早く反応し、操作が快適になります。

　感度を上げることで、指の少しの動きでもカーソルがすばやく動くようになるからです。

　Windows キーを押して「タッチパッド」と入力し、表示された「タッチパッドの設定」をクリックしてください。

　ここでタッチパッドをより敏感にできます。

　必要に応じて、ジェスチャー（ピンチズームや3本指スワイプなど）の設定も確認しておきましょう。

　これらの設定を調整するだけで、Windows の動作がグンと快適になります。少しのカスタマイズで毎日の作業をさらに効率化し、快適なパソコンライフを楽しみましょう。

第 **3** 部

ザックリでいいから AI を使えるように なりたい！

ChatGPT、SGE、Perplexity、Zoom、Adobe
──情報収集・整理、文章・資料作成、アイデア出し、
画像作成、会議の事後処理で使う方法

AIを仕事に活かす必要性は、現代のビジネス環境においてますます重要になっています。「作業効率の向上」「データの分析」「文章や資料の作成」「アイデアの創出」「画像作成」など、今まで時間をかけてやっていた仕事を、一瞬で完了してくれるのがAIです。

　AIを仕事に活かすことは、さまざまな面でのメリットがあります。今後のビジネスにおいてAIを活用できるかどうかが、あなたの評価に大きな影響を与えるでしょう。

　ただし、AIは使い勝手がいいから普及してきました。誰でも活用できるということです。

とりあえず触れてみたいから、オススメを教えて！

調べる時間が短縮！グーグルの新AI機能「SGE」

お手軽にAIを体験できるのが、グーグル社が提供している「SGE(Search Generative Experience)」です。試験提供中ですが、検索結果に対してAIがそのまま回答してくれるという優れものです。

AIが検索ワードと関連性の高い情報を集めて検索結果に表示してくれます。

SGEを利用するには、まずグーグルアカウントにログインします。

グーグルの検索ページを開き、「Google Search Labs」にアクセスします。

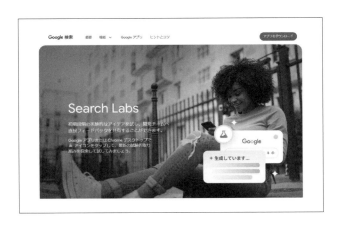

Search LabsのページでSGEを見つけ、有効にするとSGEが使えるようになります。

いつも通りGoogleで検索を始めてみましょう。SGEが自動で賢く整理された結果を表示してくれます。

SGEの魅力は、リサーチ時間を大幅に短縮できることです。必要な情報を瞬時に見つけられるため、調べものにかける時間を節約できます。SGEのAIが、信頼性の高い情報をあなたに代わって選別し、検索結果を表示してくれるでしょう。

AIを使って情報収集すると何が得なの？

....
いくつものページを読む必要がなくなった

　毎日忙しくて、リサーチに時間をかけられない……、そんなときに役立つのがAIツールを使った情報収集です。

　AIツールを使えば、情報を探し回る必要がありません。キーワードを入れるだけで、必要な情報が一気に集まります。

　たとえば、新しい趣味を始めるときや、仕事のリサーチで使えそうなアイデアを探すときに便利です。

お手軽！　AIツールを使った情報収集の具体的な方法

　気になるトピックを思いついたら、まずは検索してみましょう。

　たとえば、「週末に楽しめる新しいアウトドアアクティビティ」や「仕事で役立つ効率化ツール」など、知りたい情報を思いついたらすぐにAIツールを使ってみましょう。

　今までの調べる作業と違い、PerplexityやChatGPTを使えば、複数のサイトを巡らなくても一度の検索でいくつもの情報やアイデアが手に入ります。

アカウント登録せずに AI を使う方法を知りたい

Perplexity なら信頼のある情報がすばやく集まる

Perplexity（パープレキシティ）は、AI 技術を活用した次世代型の検索エンジンです。従来の検索エンジンはリンクや簡単な情報をリストアップするだけでした。それ対し、Perplexity はユーザーの検索意図をより深く理解し、インターネット上の膨大な情報を自動で整理して、最も関連性の高いものをわかりやすく提示してくれます。

最大の特徴は、AI が信頼性の高い情報源からデータを自動的に集め、それを簡潔にまとめてくれることです。

これにより、複数のサイトを行き来する手間が省けて、一度で必要な情報を得ることができます。リサーチが効率的になり、仕事のクオリティが向上します。

Perplexity で効率よく情報を集める方法

Perplexity の使い方はとても簡単です。検索キーワードを入力するだけで、重要な情報が整理されて表示されます。

まず、Perplexity の公式ウェブサイトにアクセスします。アカウントを作成することで、さらにカスタマイズされた検索結果を得ることができますが、アカウントなしでも基本的な機能は利用可能です。

リサーチしたいテーマや知りたい情報に関連するキーワードを

Perplexityの検索バーに入力します。

たとえば、「最新のAI技術動向」や「リモートワークの効率化」など、具体的なテーマを入力しましょう。

検索を実行すると、PerplexityのAIが関連情報を瞬時に収集し、整理された形で結果を表示してくれます。

通常の検索エンジンと異なり、Perplexityは情報をカテゴリー別に整理したり、要点を簡潔にまとめて表示してくれたりするので便利です。

Perplexityの回答例

ここで、『最新のAI技術動向』に対するPerplexityの回答を紹介しましょう。質問すると、次のように回答してくれました。

2024年のAI技術動向について、主な特徴をまとめると以下のようになります。

生成AIの進化と実用化の加速

生成AIの技術が急速に進歩し、ビジネスでの実用化が加速しています。

主な特徴としてエージェント化の進展により、複数のツールや機能を統合的に管理し、より複雑なタスクをこなせるようになっています。

ドメイン特化やパーソナライズ化が進み、特定の業界やニーズに合わせたAIソリューションが増加しています。

自然言語処理、画像・動画生成、コード生成などの分野で広く活用されています。

企業での導入拡大

多くの企業がAIを事業戦略に組み込み、競争力強化の手段として活用し始めています。

業務プロセスの再設計やシステムアーキテクチャの見直しが進んでいます。

製造業では不良品検知や在庫最適化、食品・機械メーカーでは画像処理技術による不良品検知などの導入が進んでいます。

市場規模の拡大

生成AI市場は急速に成長しています。

日本国内の生成AI市場は2023年の1188億円から、

2030年には約15倍の1兆7774億円に達する見込みです。

　世界市場は2023年の106億ドルから年平均53・3%で成長すると予測されています。

技術の融合と新たな応用

　AIと他の技術を組み合わせた新しいソリューションが登場しています。

　IoTやロボティクスとの融合による新たな応用分野の開拓。

　マルチモーダルAIの進化により、テキスト、画像、音声など複数の入力形式を扱えるAIの発展。

課題と展望

　AIの普及に伴い、いくつかの課題も浮上しています。

　セキュリティリスクや情報漏洩の問題。

　著作権や知的財産権に関する法的問題。

　2024年は、これらの課題に対処しながら、AIの信頼性向上や機能拡張、アプリケーションの生産性向上が進むと予想されています。

　以上の動向から、2024年はAI技術が「試用」から「活用」のフェーズに移行し、ビジネスや社会に大きな変革をもたらす年になると考えられます。

　どうでしょう。これだけ情報が得られれば十分ではないでしょうか。

使うことで得られるメリット

　得られた情報をもとに、レポート、プレゼンテーション、企画書などを作成します。Perplexity が収集してくれた情報をChatGPT へのインプットとして活用することで、情報収集にかかる労力の省力化・効率化だけではなく、資料作成にかかる労力も削減することができます。

　従来なら情報収集だけで丸 1 日かかるところを、今の時代、AI を使えば一瞬で完了してしまうのです。

　Perplexity を使うメリットは多岐にわたります。

【リサーチ時間の短縮】

　必要な情報を効率的にまとめてくれるので、リサーチにかかる時間を大幅に短縮できます。

【高精度な情報収集】

　信頼性の高い情報源からデータを自動で収集してくれるため、質の高い情報をすばやく手に入れることができます。調べた内容の信頼性を心配する必要がありません。

【簡単な操作】

　キーワードを入力するだけで、AI が自動的に情報を整理してくれるので、特別な知識がなくても簡単に使いこなせます。誰でも直感的に操作できます。

めちゃめちゃ有名なのに ChatGPT を使ったことがありません

多岐にわたる用途に対応し、日常業務を効率化してくれる

ChatGPT は、OpenAI が開発した高度な自然言語処理モデルです。一番有名な AI と言ってもいいのではないでしょうか。

ユーザーが入力したテキストに対して、人間のように自然な文章を生成する能力を持ち、さまざまなシーンでの活用が可能です。

質問に答えたり、文章を生成したり、対話を通じてアイデアを提供することができます。

この AI は、ビジネス文書の作成、プログラミングの支援、カスタマーサポート、さらには創造的な執筆など、多岐にわたる用途に対応しています。

ChatGPT を使うことで、日常業務の効率化が図れるだけでなく、クオリティの高いアウトプットを短時間で生み出すことが可能です。

ChatGPT は、ウェブブラウザ上で簡単に利用でき、複雑な設定は不要です。以下の手順に従って、ChatGPT を活用してみましょう。

手順 1　ChatGPT にアクセスする

まず、ChatGPT にアクセスします。

公式の OpenAI のウェブサイトから ChatGPT のページにアクセスし、アカウントを作成します。

すでにアカウントをお持ちの場合は、ログインしてください。アカウントなしでも基本的な機能は利用可能です。

手順2　使いたい用途を考える

ChatGPT は多目的に利用できますが、まず「何をしたいのか」を考えましょう。たとえば、質問への回答、文章の生成、アイデア出しなどです。

手順3　テキストを入力する

ChatGPT に指示を与えるために、テキストボックスに質問やリクエストを入力します。

たとえば、「マーケティング戦略に関するアイデアを教えてください」や「次の文章をより簡潔にしてください」などの具体的な指示を入力しましょう。

手順4　結果を確認し、活用する

AI が提供する情報やアイデアは、すぐに使えるものもあれば、参考にしてさらにカスタマイズする必要があるものもあります。

得られた情報をそのまま活用することも、もちろんできます。

そこからさらに AI を活用して、たとえば、AI が提案した仕事効率化の情報に基づいてプロジェクトの計画を作成したり、従来は自分でやっていた作業をそのまま AI にお願いすることもできます。

AIが資料を作成してくれるって本当？

AIで簡単！　らくらく資料作成法

「資料作成に時間がかかりすぎる……」「もっとわかりやすい資料をつくりたい……」そんな悩みを抱えている方に、AIを使った資料作成の手法をご紹介します。

めんどうな作業をAIに任せて、質の高い資料をつくってもらいましょう。

AIを使うと、資料作成の手間がぐっと減ります。

アイデア出しから資料のデザイン、そして文章の作成まで、AIがアシスタントとして自分の代わりに働いてくれるので、時間のかかる作業をスピーディーに進めることができます。

では、AIを使った資料作成の具体的な手順をご紹介しましょう。

ステップ1　資料のテーマを決める

まずは、作成する資料のテーマを決めましょう。たとえば、「新製品のプレゼン資料」や「プロジェクトの進捗報告書」など、明確なテーマを設定することで、AIもその方向に沿って情報を集めやすくなります。

ステップ2　AIに情報収集をお願いする

ChatGPTやPerplexityなどのAIツールを使って、資料に必要な情報を集めます。

たとえば、「この製品の市場トレンドは？」や「プロジェクトの過去のデータを集めて」など、具体的な指示を AI に与えましょう。

AI は短時間で関連する情報を整理し、提案してくれます。

ChatGPT の回答例

『AI 活用の技術動向は』という質問に対する ChatGPT の回答を紹介します。

AI 活用の技術動向は、急速に進化しており、以下の主要な領域が注目されています。

1. 生成 AI（Generative　AI）

生成 AI は、GPT（生成型事前学習変換器）や DALL·E などの技術に基づき、テキスト、画像、音声、動画などを生成する能力を持ちます。

2020 年代において、自然言語処理や画像生成の分野で急速に普及し、クリエイティブな業務や自動化ツールとしての利用が拡大しています。

文章生成：テキストの自動生成（チャットボット、記事執筆、コードの生成など）

画像生成：アート、デザイン、広告業界での応用

音声・動画生成：音声合成、映像編集

2．AI の自律学習・強化学習

自律的に環境から学習する AI（強化学習）は、ロボティクス、ゲーム、シミュレーション、最適化などの分野で注目されています。例えば、強化学習を用いて、無人運転や自動化された戦略的意思決定を行うシステムが開発されています。

3．AI の倫理とガバナンス

AI の利用拡大に伴い、プライバシー、偏見、説明可能性（ExplAInable AI）、および透明性が課題となっています。多くの企業や政府が、AI のガバナンスや規制を強化し、安全かつ倫理的な AI の使用を推進しています。

フェアネス（公平性）：アルゴリズムのバイアスを排除するための技術

プライバシー保護：個人データの取り扱いや AI システム
におけるデータ匿名化の技術

4．エッジ AI

　クラウド上ではなく、端末やデバイス自体で AI を処理
する「エッジ AI」が注目されています。リアルタイムで
のデータ処理やプライバシー保護が求められる分野で、特
に IoT やモバイル機器での応用が広がっています。
　応用分野：自動運転車、スマートシティ、産業用ロボット、
　　　　　　医療デバイスなど

5．ハイブリッド AI

　ルールベースのシステムと機械学習ベースのシステムを組
み合わせたハイブリッド AI が増加しています。これにより、
予測の精度が向上し、業務の効率化が進むと期待されていま
す。特に金融、医療、製造業での活用が進んでいます。

6．AI と量子コンピューティング

　量子コンピューティングが進展することで、AI の計算能
力が飛躍的に向上する可能性があります。現在、量子 AI
（Quantum　AI）の研究が進められ、より複雑な問題の解決
が期待されています。

7．AI を活用したパーソナライゼーション

　ユーザーの行動データや嗜好データに基づいて、AI が個

別化されたサービスを提供する技術が成長しています。これにより、eコマース、広告、教育、医療において、個別に最適化された体験が提供されています。

　これらの技術は、引き続き急速に進化し、様々な産業に影響を与え続けると見られています。AI技術の進展により、社会全体の生産性が向上し、新しいビジネスモデルやサービスの創出が期待されています。

ステップ3　AIに文章を作成してもらう

　情報が集まったら、次は文章の作成です。ChatGPTなどのAIに「この情報をもとにプレゼン用の説明を作成して」とお願いすると、簡潔でわかりやすい文章を生成してくれます。

　たとえば、「この製品はどういった点で優れているか」というようなことなど、ポイントを押さえた文章を提供してくれます。

ChatGPT ﹀

この情報をもとにプレゼン用の説明を作成して

AIの技術動向に基づくプレゼン用の説明を、ポイントを整理して構成します。時間や対象者に応じて調整できるよう、以下の形式で記述します。

タイトル：AI技術の最新動向と今後の展望

1. 生成AI（Generative AI）の進化

生成AIは、テキストや画像、音声、動画といったコンテンツをAIが自動生成する技術です。特に、GPTモデルやDALL·Eのような技術により、自然な文章や高品質な画像を瞬時に生成することが可能になりました。

- **実際の応用**：チャットボット、記事自動作成、広告やデザインの自動化
- **今後の可能性**：よりクリエイティブな～にAIが参入し、人間とのコラボレーションが進む

ChatGPT の回答例

　AI の技術動向に基づくプレゼン用の説明を、ポイントを整理して構成します。時間や対象者に応じて調整できるよう、以下の形式で記述します。

タイトル：AI 技術の最新動向と今後の展望
1．生成 AI（Generative AI）の進化
　　生成 AI は、テキストや画像、音声、動画といったコンテンツを AI が自動生成する技術です。特に、GPT モデルや DALL·E のような技術により、自然な文章や高品質な画像を瞬時に生成することが可能になりました。
　　実際の応用：チャットボット、記事自動作成、広告やデザインの自動化
　　今後の可能性：よりクリエイティブな仕事に AI が参入し、人間とのコラボレーションが進むことが期待されます。

2．自律学習と強化学習の拡大
　　強化学習は、AI が環境とのインタラクションから自律的に学習する技術です。自動運転車やゲーム AI、戦略的意思決定システムに活用されています。
　　実際の応用：無人運転、工場の自動化、ゲーム業界での高度な AI 開発
　　今後の可能性：AI がより複雑なシナリオに対応できるよ

うになり、様々な産業での自律システムの
導入が加速すると見られます。

3．AI の倫理とガバナンス

　　AI の進展に伴い、倫理的な問題やプライバシー保護が
重要なテーマとなっています。特に、AI のバイアスを減
らし、説明可能性を高める技術が求められています。
　実際の応用：企業や政府による AI の倫理基準の策定、ア
　　　　　　　ルゴリズムの公平性向上
　今後の可能性：倫理的に信頼できる AI を構築するための
　　　　　　　　技術がさらに進化し、規制の強化とともに
　　　　　　　　社会への AI の浸透が加速します。

4．エッジ AI の普及

　　エッジ AI は、クラウドではなくデバイス自体で AI を処
理する技術です。リアルタイムでの処理や、プライバシー
保護の観点から、IoT や自動運転などでの利用が急速に拡
大しています。
　実際の応用：自動運転車、スマート家電、工場の自動化
　今後の可能性：5G の普及とともに、エッジ AI の活用が
　　　　　　　　さらに広がり、分散型 AI のインフラが進
　　　　　　　　展することが期待されます。

5．ハイブリッド AI の進展

　　ハイブリッド AI は、ルールベースのシステムと機械学

習ベースのシステムを組み合わせたアプローチです。これにより、複雑な問題解決や高度な意思決定が可能になります。

実際の応用：金融分野でのリスク管理、医療分野での診断支援システム

今後の可能性：様々な業界でハイブリッドAIが普及し、AIの活用がより広範かつ精度の高いものになります。

6. 量子コンピューティングとAIの融合

量子コンピューティングの進展により、AIの計算能力が飛躍的に向上し、これまで解決が困難だった問題にも対応できる可能性があります。

実際の応用：まだ研究段階ですが、将来的には大規模データ解析や新薬開発などの分野での応用が期待されています。

7. パーソナライゼーション技術の進化

AIは、ユーザーの行動データや嗜好に基づいて、個別化されたサービスを提供する能力が向上しています。特に、eコマースや広告、教育分野での個別対応が進んでいます。

実際の応用：個別化された広告、ユーザーに最適化された学習プログラムや医療サービス

今後の可能性：AIによるパーソナライズが広がり、企業はより精度の高いターゲティングやサービ

ス提供を実現できるようになります。

　AI技術の進化は、生成AI、自律学習、エッジAI、量子コンピューティングなど、複数の領域で進行しており、さまざまな産業に大きな変革をもたらしています。

　これからも技術の進展と倫理的課題への対応が鍵となり、AIの導入はますます広がるでしょう。

　この構成でプレゼンすれば、各技術の進展を簡潔に伝えつつ、今後の可能性も示唆できます。時間配分や詳細な説明は、対象となる聴衆やプレゼンの目的に応じて調整してください。

ステップ4　最終チェックを忘れずに

　最後に、AIが作成した資料を自分の目で確認し、必要に応じて微調整を加えます。

　AIは優れたサポートツールですが、AIが出してくれた回答がすべて正しいわけではないので、最終的な調整は必ず自分自身で行なうことがポイントです。

AIには、どんな仕事を任せられる？

文書、資料作成がもっと簡単になる8のアイデア

　ここで、仕事に役立つAIの使い方を8個紹介します。さっと考えただけでもこれだけの使い方が考えられます。ぜひ、あなたも自分の仕事に活かしてください。

定例会議の報告資料

　AIに過去のデータをまとめてもらうだけで、毎週の定例会議の報告資料が完成します。

プレゼン資料の準備

　新しい提案をするときは、AIに頼んで見やすい資料をつくってもらいましょう。

企画書の作成

　アイデアをAIに伝えると、わかりやすい企画書をサクッと作成してくれます。アイデアが具体的に見える化されるので次のステップに進みやすくなります。

顧客提案書の作成

　顧客からヒアリングした情報をそのままAIに分析してもらい、ぴったりの提案書を作成してもらいましょう。

アンケート結果の分析レポート

　AIにアンケートデータを分析してもらい、わかりやすいレポートにまとめてもらうことができます。

契約書の初稿作成

　どのような契約内容が必要かリストアップしたものをAIに入力し、その前提で契約書の初稿を作成してもらうことができます。

社内研修資料の作成

　現在の課題をAIに解析させ、問題解決にぴったりの社内研修資料を作成してもらいましょう。

採用活動用の企業説明資料

　自社の魅力をAIに整理させて、インパクトのある企業説明資料を作成してもらうこともできます。

　AIを使うと、単に情報収集をしてくれるだけでなく、その結果を利用して、資料作成までやってくれます。

　これまで数時間かかっていた作業が、あっという間に完了します。AIを、賢く使いこなすことがニュータイプの仕事術です。

AIにメールの文章を
つくってもらいたい！

ビジネスメール作成の手順

　ここからはしばらく、仕事でどのように AI を使っていけばいいのか、をお話ししていきたいと思います。

「文章を書くのに時間がかかる……」「どう書けばいいのか迷ってしまう……」。こんな悩みは、AI 活用で解決していきましょう。

　ここでは、具体的な手順と例を紹介し、どのように AI を使えばいいのかを説明していきます。

　まずは、ビジネスメールの作成についてです。

ビジネスメールの作成

　まず、送るメールの目的を明確にします。

　たとえば、「会議の招待」「お礼のメール」「クレーム対応」など、メールの内容を決めます。

　たとえば、ChatGPT に「○○についての会議の招待メールを作成して」と指示を出します。

　AI が生成したメールの内容を確認し、目的に合っているか、必要な情報が含まれているかをチェックします。

　自社の雰囲気や個人的なメッセージを加えるなど、AI が作成したベースの文章を少し調整します。

　最後に、文法や誤字脱字を確認し、メールを送信します。

　プロジェクトの進捗会議の招待メールを AI に作成してもらう

第3部　ザックリでいいからAIを使えるようになりたい！

場合、以下のような指示を出します。

AIへの指示

　プロジェクトXの進捗報告会の招待メールを作成してください。会議日時は5月25日午後3時、オンラインで行ないます。

AIが生成するメールの例

　件名：プロジェクトXの進捗報告会のお知らせ
　本文：○○様

　お世話になっております。プロジェクトXの進捗報告会を以下の通り開催いたしますので、ご参加くださいますようお願いいたします。
　日時：5月25日（木）午後3時〜
　場所：オンライン会議(Zoomリンクを後日共有いたします)
　ご都合がつかない場合は、お早めにご連絡いただけますと幸いです。
　よろしくお願い申し上げます。
　○○（あなたの名前）

簡単に文章ができてしまいます。AIを使わない手はありません。

レポートや報告書をつくるのが めんどうです

ChatGPT や Word を使って楽に作成

　AI を使ってレポートや報告書をつくることも可能です。

　まず、レポートに必要なデータや情報を集めます。たとえば、売上データやプロジェクトの進捗状況などです。

　ChatGPT や Word の「エディター」機能を使って、データや情報を要約するよう AI に指示します。たとえば、「このデータをもとに売上レポートの概要を作成して」と入力します。

　AI が作成した要約や概要を確認し、内容を確認し、足りない部分があれば、AI に追加情報を提供して補完してもらいます。

　そして、生成されたテキストをもとに、レポートの各章を作成します。AI に各章ごとの文章を依頼することも可能です。

　例をご紹介しますので、月次売上レポートなどを作成する場合、以下のような手順を踏んでみてください。

AI への指示

　（データを入力後）この売上データをもとに、月次売上レポートの要約を作成してください。

AI が生成する要約の例

　月次売上レポート概要　2024 年 4 月

　2024 年 4 月の総売上は前月比 5 ％増加し、全体で ¥2,

500,000 に達しました。主要な売上増加要因は新製品ラインの導入によるもので、特にオンラインチャネルでの販売が大幅に伸びました。また、顧客満足度も向上し、リピート購入率が 10% 増加しました。

では、次に、ChatGPT で売上レポートもつくってみます。

ChatGPT への指示

　以下のデータをまとめて、データに基づく具体的な分析や改善点も含めた売上レポートをつくってください。

ChatGPT に提供するレポートの例

2024 年度上期の売上

製品 A

4 月 120k　5 月 85k　6 月 240k　7 月 100k　8 月 50k

9 月 180k

製品 B

4 月 15k　5 月 10k　6 月 20k　7 月 70k　8 月 35k

9 月 25k

製品 C

4 月 220k　5 月 380k　6 月 100k　7 月 170k

8 月 140k　9 月 120k

ChatGPT の回答

売上レポート（2024 年度上期）

1. 概要

レポート期間：2024 年 4 月 − 2024 年 9 月

総売上額：775,000 円（製品 A） ＋ 175,000 円（製品 B） ＋ 1,140,000 円（製品 C） ＝ 2,090,000 円

2. 製品別売上

製品 A：775,000 円

製品 B：175,000 円

製品 C：1,140,000 円

3. 月別売上合計

4 月：365,000 円

5 月：475,000 円

6 月：360,000 円

7 月：340,000 円

8 月：225,000 円

9 月：325,000 円

4. 売上のトレンド

最も売上が高かった月：5 月（475,000 円）

最も売上が低かった月：8 月（225,000 円）

売上の変動傾向：

増加傾向：4 月から 5 月（30％増）

減少傾向：5 月から 6 月（24％減）、6 月から 7 月（6％減）、7 月から 8 月（34％減）

回復傾向：8月から9月（44％増）

5. 製品別分析

製品A：

売上高：775,000円

ピーク月：6月（240,000円）

改善点：8月の売上が50,000円と低迷。販売促進活動
　　　　や価格戦略の見直しが必要。

製品B：

売上高：175,000円

ピーク月：7月（70,000円）

改善点：売上が全体的に低い。市場調査を行い、需要の
　　　　見直しやプロモーション強化が求められる。

製品C：

売上高：1,140,000円

ピーク月：5月（380,000円）

改善点：5月の高い売上を維持するため、広告キャンペー
　　　　ンや新製品の発売を検討。

6. 改善点と推奨アクション

製品A：

プロモーション強化：8月の売上低下に対応するため、
　　　　　　　　　　特別キャンペーンや割引を実施。

市場調査：売上の低迷要因を分析し、ターゲット市場の
　　　　　ニーズに応じた改良を行う。

製品Ｂ：

販売戦略見直し：低売上の原因を把握し、価格設定やプロモーションを再検討。

新規市場開拓：需要が高い新しい市場や顧客層をターゲットにする。

製品Ｃ：

広告活動の強化：５月の成功を再現するために、より積極的な広告戦略を採用。

製品ライン拡張：類似商品やバリエーションを追加し、売上をさらに拡大する。

7．総合評価

　　全体の売上は安定しているが、特定の月や製品での変動が顕著。

　　売上が低迷する月には、即座の対応が必要。

　　トレンドを踏まえた戦略的なマーケティングと製品改良が成功の鍵となる。

　このレポートは、売上の動向や改善点を詳しく分析してくれていて、次期の戦略立案などに役立てられるでしょう。追加のデータや具体的な施策の検討も進めると、さらに効果的な改善が可能です。

ブログや SNS の文章を書くのが しんどいです……

テーマが決まれば楽に文章ができ上がる

ブログや SNS の文章も、AI につくってもらうことが可能です。

まずは、テーマを決めます。たとえば、「新製品の紹介」「イベントの告知」「業界ニュースの解説」などです。

ChatGPT に、「新製品 A についてのブログ記事を作成して」と指示します。

生成された文章を確認し、ブランドのトーンに合わせて調整します。投稿の目的やターゲットに合った文章になるように編集します。ブログも SNS も同じような指示をすれば OK です。

ChatGPT への指示

新製品 A の紹介記事を作成してください。ターゲットは若いプロフェッショナル層です。

ChatGPT が生成するブログ記事の例

新製品 A の登場！若いプロフェッショナルに最適なパフォーマンスを提供

現代の忙しいプロフェッショナルにとって、信頼できるツールは不可欠です。今回リリースされた新製品 A は、その期待に応えるために設計されました。コンパクトで持ち運びやすいデザインながら、高性能な機能を備えており、業務をサポートします。特に注目すべきはバッテリーの持続時間。1 日中外出しても、充電の心配をする必要はありません。

クリエイティブな文章も
つくれるの？

....
セールスコピーの作成法

　クリエイティブさを必要とする文章も AI はつくれます。

　たとえば、セールスコピーは、どうつくればいいのでしょうか。

　まず、セールスコピーのターゲットとなる顧客層を明確にします。

　たとえば、「20 代の女性向け化粧品」や「中小企業向けの IT ソリューション」などです。

　ChatGPT に「○○の製品について、購買意欲を高めるセールスコピーを作成してください」と依頼します。

　AI は、ターゲットとなる人に響くキャッチコピーやボディコピーを提案します。

　AI が生成したコピーを確認し、ブランドのトーンやメッセージに合わせて編集します。具体的な特徴やメリットを強調することで、より効果的なセールスコピーに仕上げます。

　完成したコピーを、ウェブサイトや広告、メールキャンペーンで使用します。実際の反応を見て、必要に応じて微調整を加えます。

　たとえば、オンラインコースのセールスコピーを作成する場合、以下のような指示を出します。

ChatGPT への指示

　プロフェッショナル向けのオンラインコースを宣伝する

セールスコピーを作成してください。

ChatGPT が生成するセールスコピーの例

「今すぐキャリアをアップグレード！プロフェッショナル向けオンラインコースであなたのスキルを次のレベルに」

　時間や場所を選ばず、業界トップクラスの専門家から学べるオンラインコースが登場。成功したいあなたのために設計されたプログラムで、キャリアを次のレベルへと導きます。今すぐ登録して、未来への一歩を踏み出しましょう！

　このように、クリエイティブさを必要とする文章も難なくつくってくれます。

顧客に届ける文章も
つくってほしい

....

ニュースレターやメルマガをつくる

ニュースレターやメルマガも作成できます。

まず、ニュースレターやメルマガの目的と、カバーするトピックを決めます。

たとえば、「新製品の紹介」「季節のキャンペーン情報」「業界の最新トレンド」などです。

ChatGPT に、「ニュースレター用に新製品の紹介文を作成してください」と依頼します。

AI は、読者に響く文章を生成し、興味を引く内容を提供します。

もし異なる客層のグループに配信する場合は、AI を活用して各グループに合わせたカスタマイズを行ないます。

たとえば、VIP 顧客向けには特別オファーを加えるなどです。

生成された文章をチェックし、誤字脱字がないかを確認してから配信します。配信後は、開封率やクリック率をモニタリングして、次回に活かしましょう。

ChatGPT への指示

季節の新製品コレクションを紹介するニュースレターを作成してください。

ChatGPT が生成するニュースレターの例

件名：新シーズン到来！秋の新製品コレクションをチェックしよう

本文：こんにちは、○○様

　秋の訪れとともに、私たちは新しい製品コレクションをお届けします。今年のテーマは「温もりとエレガンス」。これまでにない快適さとスタイルを融合させた商品を取り揃えました。

　特におすすめなのは、最新の○○シリーズ。冷え込む季節にぴったりのデザインで、あらゆるシーンで活躍します。

　ぜひ、オンラインショップで新商品をチェックして、季節の変わり目をお楽しみください。

　心を込めて、　○○　（あなたの会社名）

　このように文章をつくってくれます。メルマガの文章も同じように作成できます。

お客様や関係者向けの
文章フォーマットをつくって！

カスタマーサポート用の自動返信テンプレート作成

カスタマーサポート用の自動返信テンプレートのつくり方もご紹介しましょう。

まず、顧客からのよくある問い合わせをリストアップします。

たとえば、「商品発送の確認」「返品・交換の手続き」「アカウント情報の変更」などです。

たとえば、ChatGPTに「商品発送の確認についての自動返信メールのテンプレートを作成してください」と依頼します。

AIは、顧客にとってわかりやすい回答を提供するテンプレートを生成します。

AIが作成したテンプレートに、企業独自のポリシーや情報を追加してカスタマイズします。顧客にとって信頼性のあるメッセージになるよう、細部にこだわりましょう。

完成したテンプレートを、カスタマーサポートシステムに組み込んで自動返信を設定します。これにより、顧客対応のスピードと一貫性が向上します。

【ChatGPTへの指示】

商品発送の確認に対する自動返信メールのテンプレートを作成してください。

ChatGPT が生成する自動返信メールテンプレートの例

件名：ご注文の商品発送状況についてのお知らせ

本文：○○様

お世話になっております。この度は、○○オンラインストアをご利用いただき、誠にありがとうございます。

ご注文いただいた商品は、現在発送準備中です。発送が完了しましたら、追跡番号とともに詳細をお知らせいたします。通常、発送完了までに２～３営業日ほどお時間をいただいております。

お急ぎの場合は、こちらのリンクから配送状況をご確認いただけます。［追跡リンク］

その他ご不明な点がございましたら、お気軽にお問い合わせください。

引き続き、○○オンラインストアをよろしくお願いいたします。

○○　（あなたの会社名）

今まで時間をかけて考えていた文書も、さっと AI がつくってくれます。

人材を集める魅力的な文章
も書ける？

・・・
人材採用のためのジョブディスクリプション作成

最近、経営者の方からアドバイスを求められるのが、人材採用のためのジョブディスクリプション（職業内容を記述した文書）の作成です。

まず、募集するポジションの役割や責任を明確にします。

たとえば、「ソフトウェアエンジニア」「マーケティングマネージャー」「カスタマーサポート担当」などです。

ChatGPT に、「ソフトウェアエンジニアのジョブディスクリプションを作成してください」と依頼します。

AI は、職務内容、必要なスキル、報酬などを盛り込んだジョブディスクリプションを生成します。

生成されたジョブディスクリプションに、企業の文化や価値観を反映させる文章を追加しましょう。これにより、適切な候補者が集まりやすくなります。

完成したジョブディスクリプションを、採用サイトや求人プラットフォームに掲載すれば完了です。AI が提案するキーワードやフレーズを活用して、検索にヒットしやすくします。

ChatGPT への指示

「マーケティングマネージャーのジョブディスクリプションを作成してください」と指示を出します。

第3部　ザックリでいいからAIを使えるようになりたい！

ChatGPT が生成するジョブディスクリプションの例

募集職種：マーケティングマネージャー

仕事内容：当社のマーケティングチームをリードし、ブランド認知度の向上と売上拡大を目指していただきます。主な業務内容は以下の通りです。

・マーケティング戦略の策定と実行

・広告キャンペーンの計画・運営

・デジタルマーケティングチャネルの管理

・顧客データ分析とインサイトの提供

必要なスキル：

・5年以上のマーケティング経験

・チームマネジメントの経験

・デジタルマーケティングの深い知識

・データ分析スキル

待遇：

・年収：○○万円〜○○万円

・各種社会保険完備

・フレックスタイム制度

当社はイノベーションを推進する企業文化を大切にしており、新しい挑戦に意欲的な方を歓迎します。

ここまでご紹介したように、AIを利用すると、ビジネスメール、レポート、ブログ記事、セールスコピー、ニュースレター、顧客対応、ジョブディスクリプションなど、あらゆるシーンで使える文章を作成してくれます。

これ以上考えられないので、アイデア出しを頼みたい

AIを使ったブレインストーミングとアイデア創出の流れ

　新しいプロジェクトを始めるときや、斬新なアイデアを生み出したいときに欠かせないのがブレインストーミングです。

　これまでのブレインストーミングは、チームメンバーが集まってアイデアを出し合うのが一般的でしたが、あえてAIを活用することで、さらに違った角度の知見が得られ、アイデアが生まれやすくなります。

　ここでは、AIを使ったブレインストーミングとアイデア創出の具体的な方法と活用事例をご紹介します。

ステップ1　テーマを設定する

　まず、ブレインストーミングのテーマを設定します。テーマは具体的であればあるほどいいです。

　たとえば、「次世代のスマートフォン機能」や「エコフレンドリーなビジネスモデル」など、明確な課題や目標を設定することで、AIもその方向に沿ったアイデアを出しやすくなります。

ステップ2　AIにアイデアの提案を依頼する

　たとえば、「次世代のスマートフォンに搭載すべき機能のアイデアを提案して」といった指示をChatGPTにしてみます。

ChatGPT が提案するアイデアの例

1　バッテリー寿命を延ばすための自動最適化機能
　　ユーザーの使用パターンを学習し、バッテリー消耗を抑える最適な設定を自動で調整します。
2　環境センサーの統合
　　周囲の温度、湿度、大気の質などをリアルタイムで測定し、健康管理やエコロジカルなライフスタイルをサポートします。
3　スマートパーキング機能
　　GPSとAIを活用して、最も近くて空いている駐車スペースを自動的に検索し、ナビゲートします。

ステップ3　提案されたアイデアを整理・選定する

　AIが提案したアイデアをリスト化し、それぞれのアイデアの実現可能性や効果を検討します。

　AIの提案を基に新たな視点を加えることで、さらにアイデアを発展させることが可能です。

　アイデアを一つずつ検討し、「実現の難易度」「市場での需要」「革新性」などの基準で評価します。

　たとえば、上記の「バッテリー寿命を延ばすための自動最適化機能」について、既存の技術との統合が容易かどうか、消費者にとってどれほど価値があるのかを考えてみましょう。

ステップ4　アイデアを具体的な計画に落とし込む

　選定したアイデアを具体的なプロジェクト計画に落とし込みます。ここでも AI を活用して、プロジェクトの進行計画や必要なリソースを提案してもらうことができます。

　AI に指示し、プロジェクトの大まかなスケジュールや必要なスキルを明確にしてもらいましょう。

ChatGPT への指示

　バッテリー自動最適化機能を開発するためのステップを提案してください。

ChatGPT が提案するプロジェクトステップの一例

1　技術調査と市場分析

　　既存のバッテリー最適化技術を調査し、競合製品との比較を行います。

2　プロトタイプの開発

　　AI モデルを使って、ユーザーの使用パターンを学習するプロトタイプを作成します。

3　ユーザーテスト

　　プロトタイプを実際のユーザーに試用してもらい、データを収集して最適化します。

4　量産設計と実装

　　最終製品に向けた設計と、製造ラインへの実装を進めます。

第3部　ザックリでいいからAIを使えるようになりたい！

会議後の作業が大変で、うんざりします

Zoom の AI 機能で煩わしい作業がゼロに！

「会議が多すぎて資料作成や議事録の整理が追いつかない……」「会議後に誰が何をするのかが明確になっていない……」

　日々の業務で会議準備や振り返りに時間を取られ、本来の仕事が後回しになるケースは多いものです。そこで活用していきたいのが、Zoom の最新 AI 機能「AI Zoom」です。

　Zoom の「AI Companion」は、会議の進行や振り返り、タスクの整理をサポートする頼れるツールです。

　有料版の Zoom を利用していれば、追加料金なしで使うことができます。以下のようなシーンで役立つ機能が揃っています。

1　定例会議で要点を整理したいとき

　重要な発言や結論を「レコーディング ハイライト」機能が自動で抽出してくれます。会議後、チーム全員に共有することでスムーズに情報を確認することが可能です。

　たとえば、営業会議で「次回の提案書作成」「顧客フォロー」の担当者を素早く把握し、タスクを整理できます。

2　複数トピックが議論される会議

「スマート チャプター」機能で、会議内容がトピックごとに分割されます。後から必要な部分だけを振り返ることが可能です。

たとえば、プロジェクトレビュー会議で、改善案や次回までの課題を簡単に抜き出し、関係者に共有できます。

3 タスクを確実に整理してフォローアップしたいとき

「次のステップ」機能が会議中に決定したタスクを自動でリスト化してくれます。「誰が何をするべきか」が明確になるため、フォローアップがスムーズです。

会議で次回までの準備項目を全員に簡単に通知できます。

なお、これらの機能を最大限活用するには、Zoom の有料プランが必要です。企業アカウントの場合、管理者が機能を有効化する必要がある場合もあるため、設定時には事前に確認しておきましょう。

Zoom AI Companion の設定方法

Zoom AI Companion を利用するためには、Zoom ウェブポータルでの設定が必要です。以下の手順で進めてください。

Zoom 公式サイトにアクセスし、アカウント情報でログインします。サイドメニューにある「アカウント管理」を選択します。すると、アカウント全体の設定画面が開きます。

「AI Companion」という専用タブをクリックし、アカウント設定内にある「AI Companion」タブを選択します。

・AI　Companion 全体の有効化

・スマート　チャプター

・次のステップ（タスク整理）

これらの項目が表示されるので、それぞれ必要な機能を ON に

切り替えてください。

【AI Companion 全体の有効化】

AI 機能を利用するには、まず全体設定を ON にします。

【レコーディング ハイライト】

重要な発言やトピックを自動抽出する機能です。

【スマート チャプター】

会議内容をトピックごとに分割し、後から簡単に確認できるようにします。

【次のステップ（タスク整理)】

会議で決定したタスクをリスト化し、フォローアップをスムーズにします。

AI Companion は新たな機能が随時追加されていきますので、気になる機能があれば、まずは使ってみるのがオススメです。

本記事の内容は執筆時点の情報になりますので、最新の手順については Zoom 公式サイトでも確認してみてください。

これからの時代、オンライン活用は当たり前の日常になってきます。その中でも Zoom はよく利用されているオンラインツールの一つですが、昨今、AI 機能がどんどん拡充してきています。

有料ライセンスが必要ではありますが、会議の準備や振り返り、タスク整理にかかる時間を大幅に削減し、業務を効率化する強力なツールです。しかも、まだまだ進化してきますので、新たな機能をウォッチしながら、どんどん活用していきましょう。

いろんな場面で使える
"いい感じの画像"をつくりたい
Adobe Firefly で満足感が得られる！

ChatGPT はテキスト生成 AI として非常に優秀で、文章作成やアイデア出しには強力なツールです。

しかし、画像生成となると話は別です。生成される画像に「使い物にならない」と感じることがあるかもしれません。

なぜ、ChatGPT が生成する画像が使えないのかというと、ChatGPT がテキスト生成に特化しているからです。

一方で、画像生成 AI には、膨大なグラフィックデータと専門知識が必要になります。

そこでオススメなのが、グラフィック制作の最大手である Adobe が提供する生成 AI「Firefly（ファイアフライ）」です。

Adobe Firefly は、膨大なライセンス素材と Adobe の技術を活用して精度の高い画像を生成するツールで、著作権侵害のリスクを抑制、商用利用も安心してできるように設計されています。

グラフィック制作の経験がなくても直感的に操作できるため、誰でも簡単に高品質な成果物を作成できます。

Adobe Firefly はさまざまな場面で役立ちます。

デザイン案を短時間で作成

広告や資料用の画像を、テキスト入力だけで迅速に生成できます。

第3部　ザックリでいいからAIを使えるようになりたい！

たとえば、広告キャンペーンのイメージ案を複数用意して、短時間でクライアントに提案します。

SNS 投稿用の画像を簡単に制作

　統一感のあるビジュアルを手間なく大量に作成することが可能です。

　たとえば、SNS マーケティングで毎日投稿する画像を手軽に作成し、ブランドイメージを一貫させることができます。

　Adobe Firefly は、画像生成に特化したツールとして、企業やクリエイターにとって理想的な AI です。

　特に、広告や SNS コンテンツ、製品デザインにおいて、その高品質な成果物と商用利用の安心感は、他の生成 AI にはない大きな強みです。

　使い方はとっても簡単で Adobe Firefly の公式サイトにアクセスし、生成したい画像をテキストで入力するだけです。ほとんど直感的に利用できるようになっています。

　Adobe Firefly は本書の執筆時点においては「テキストから画像生成」が主な機能ですが、今後「テキストから動画を生成する」新機能のリリースが予定されています。今後さらに進化が期待できる生成 AI ツールです。

第 **4** 部

時間にも場所にも縛られずサクサク仕事を完了させたい！

ここまでできれば超安心！　クラウド活用から仮想化のコツ、セキュリティ対策まで

第３部までで、IT の活用法、AI の活用法は
わかったと思います。少しずつ実践していくこ
とで、あなたは今の能力のままで仕事のスピー
ドと質を同時に上げられるでしょう。

　第４部では、さらに一段上のニュータイプ
の仕事術を実現するための方法をご紹介します。

　具体的には、クラウド活用、仮想化のコツか
らセキュリティ対策まで、ストレスなく快適に
仕事をするための環境づくりを指南します。

　ここまでできれば、ニュータイプの仕事術が
完全に身についたと考えていいでしょう。

　さあ、あと少しです！

　一緒に頑張りましょう！

クラウドってどう使えば便利なんですか？

・・・・・・・・・・・・・・・・・・・・・・・・・・・・・・・・・・・・・・・
プライベートクラウドの驚きの機能

　クラウドサービスは、現代のビジネスにおいて欠かせないツールとなっています。ファイルの管理や共有、データのバックアップなど、さまざまな場面で活用することで、作業の効率が飛躍的に向上します。

　ここからは、プライベートクラウドやパブリッククラウドの使い方、安全なファイル保存方法、データ整理について詳しく解説します。

　プライベートクラウドとは、自宅やオフィスに設置する自分専用のクラウド環境のことです。

　たとえば、Synology（シノロジー）のNASサーバーを使えば、自宅にファイルサーバーを構築し、データの管理や共有を自分でコントロールできます。

ファイルの集中管理

　Synology NASを使えば、すべてのファイルを一カ所に集約して管理でき、ファイルを散在させることなく、いつでも必要なデータにアクセスできます。

リモートアクセス

　Synology NASは、インターネットを介してどこからでもアク

セス可能です。外出先や自宅からオフィスのデータに安全にアクセスできるため、リモートワークでもスムーズに業務を進められます。

自動バックアップ

NAS には自動バックアップ機能があり、パソコンやスマートフォンのデータを定期的にバックアップすることができます。これにより、万が一のトラブル時でも重要なデータを確実に保護できます。

データの共有とコラボレーション

Synology NAS は、ファイルやフォルダを共有するための機能を提供しています。社内での共同作業やプロジェクトの進行において、リアルタイムでファイルを共有し、関係者と作業を進めることができます。

高度なセキュリティ機能

Synology NAS は、データの暗号化、ファイアウォール設定、アクセス権限の細かい設定など、強力なセキュリティ機能を備えています。

これにより、外部からの不正アクセスやデータ漏洩のリスクを最小限に抑えることができます。

ただし、プライベートクラウドの導入には、一定の IT スキルが求められます。

たとえば、NAS の初期設定やネットワーク設定、リモートア
クセスの設定など、技術的な作業が必要です。

　これらの設定をスムーズに行なえる人には、プライベートクラ
ウドは非常に強力なツールとなりますが、技術に不慣れな人とっ
ては少しハードルが高いかもしれません。

　もし、プライベートクラウドの設定や管理に不安がある場合は、
Google Drive のようなパブリッククラウドサービスを活用するこ
とをおすすめします。

　パブリッククラウドは、インターネットに接続されたデバイス
さえあれば、誰でも簡単に利用できる便利なサービスです。

Google Drive を
使いこなしたいです

効率的なファイル管理

「Google Drive って便利そうだけど、どうやって使うんだろう？」

そう思ったことはありませんか？

実は、Google Drive は非常に簡単に使えて、ファイル管理や共有がサクサクできる魔法のようなツールです。ここでは、Google Drive を使いこなすための基本的な設定方法をご紹介します。

Google Drive って何ができるの？

Google Drive は、あなたのファイルやフォルダをインターネット上に保存してくれる「クラウドストレージ」サービスです。

つまり、パソコンやスマホでつくった文書、資料、画像、動画などをどこからでもアクセスできる状態にしてくれるのです。

これだけでも便利ですが、Google Drive は単なるファイルの置き場にとどまりません。

他の人とのリアルタイムでの共同編集、簡単な共有設定、さらには自動バックアップまで、まさに「使える」機能が満載です。

Google Drive の設定方法

それでは、Google Drive を使いこなすための具体的な設定方法を見ていきましょう。

第４部　時間にも場所にも縛られずサクサク仕事を完了させたい！

ステップ1　Google Drive にアクセスしてみよう

まずは Google Drive にアクセスしてみましょう。Google アカウントを持っている方なら、すぐに使い始めることができます。

パソコンの場合は、ウェブブラウザを開いて「https://drive.google.com」にアクセスします。

スマホやタブレットの場合は、「Google Drive」アプリをダウンロードして起動しましょう。

Google アカウントにログインします。すでに Gmail などを利用している場合、そのアカウント情報をそのまま使えます。

ステップ2 ファイルやフォルダをアップロードしよう

Google Drive を使うなら、まずはファイルやフォルダをアップロードしてみましょう。パソコンの中にあるファイルを Google Drive に置くだけで、どこからでもアクセスできるようになります。

Google Drive のホーム画面にある「新規」ボタンをクリックし、「ファイルをアップロード」を選びます。

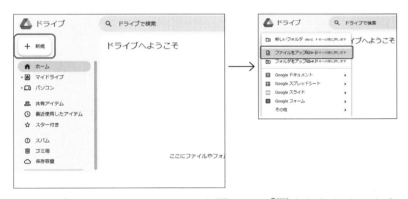

アップロードしたいファイルを選んで、「開く」をクリックすれば OK です。

複数のファイルをまとめてアップロードしたい場合は、「新規」ボタンをクリックし、「フォルダのアップロード」を選びます。

アップロードするフォルダを選んで「アップロード」をクリックすれば、フォルダごと Google Drive に保存されます。

ステップ3　ファイルを整理してみよう

Google Drive にファイルがアップロードされたら、次は整理整頓です。プロジェクトごとにフォルダをつくっておくと、後から探しやすくなります。さっそくフォルダを作成してみましょう。「新規」ボタンをクリックし、「フォルダ」を選択します。

フォルダ名を入力して「作成」をクリックすれば、あっという間にフォルダができます。

ファイルをフォルダに移動することも試してみてください。

フォルダに入れたいファイルをドラッグして、フォルダの上にドロップします。これで、ファイルがフォルダに移動されます。

複数のファイルを選択して一気に移動することも可能です。Ctrl キーを押しながらファイルをクリックして選択し、同じようにフォルダにドラッグします。

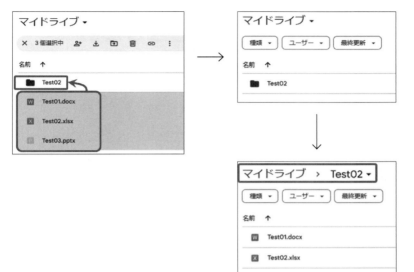

強みを最大限に活かしたい！

ファイルの共有と連携ツールの有効利用

　Google Drive の最大の強みは、簡単にファイルを共有できる点です。仕事関係者と資料を共有したり、画像をシェアしたり、活用シーンは無限大です。

　そこで、ファイルやフォルダの共有設定を使いこなしましょう。

　共有したいファイルやフォルダを右クリックし、「共有」を選択します。

　「リンクを知っている全員」をクリックすれば、リンクを知っている人なら誰でもアクセスできる設定になります。

特定の人にだけ共有したい場合は、メールアドレスを入力して招待します。

共有相手に与える権限も設定できます。「閲覧のみ」「コメント可」「編集可」の3つの内容から選べるので、相手が何をできるかを細かくコントロール可能です。

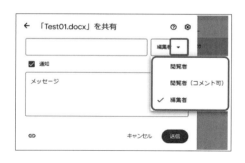

たとえば、編集権限を持たせれば、相手もそのファイルを自由に編集できます。逆に閲覧のみの場合は、相手は内容を見られるだけです。

Google Drive と連携する便利なツール

　Google Drive は他のグーグルサービスとスムーズに連携できるので、使い勝手が抜群です。

　たとえば、Google Docs や Google Sheets を使って、複数人で同時に文書を編集したり、スプレッドシートでデータを管理することが可能です。

　Google Drive に保存したドキュメントを Google Docs で開けば、リアルタイムで共同編集ができます。たとえば、会議の議事録を作成する際に、全員が同時に書き込んでいけば、作業が一気に進みます。

　Google Sheets は、表計算ソフトです。プロジェクトの進捗状況や、予算の管理に役立ちます。

　Drive に保存された Sheets ファイルは、他のメンバーと共有して一緒に作業できます。

　Google Drive は、ファイルのアップロードから共有、そしてリアルタイムでの共同編集まで、非常に使いやすく、便利な機能が詰まったツールです。

　特に、プロジェクトの資料を整理したりする際に、Google Drive の便利さを実感できるはずです。クラウド生活を存分に楽しんでください。

OneDrive って何ができるの？

OneDrive でファイルを管理してみよう

「OneDrive って聞いたことはあるけど、どんなメリットがあるの？」そんな疑問を持つ方もいらっしゃると思います。

OneDrive は、マイクロソフトが提供するパブリッククラウドサービスで、パソコンやスマホでつくったドキュメントや画像、動画などにどこからでもアクセスできます。

基本的には Google Drive と同じことができるのですが、マイクロソフトの強みはやはり、Word や Excel、PowerPoint などの Office ソフトとの親和性が抜群に良いことです。

OneDrive に保存したデータは、そのまま Office ソフトで開き、編集・共有することができるので、PC 上にデータがある状態とほとんど変わらず利用できるのが最大メリットです。

ここでは、OneDrive を使いこなすための基本的な設定方法と、ファイル管理のコツをわかりやすくご紹介します。

それでは、OneDrive を使いこなすための具体的な設定方法を見ていきましょう。

ステップ1　OneDrive にアクセスしてみよう

まずは、OneDrive にアクセスしてみましょう。Windows パソコンをお使いの方なら、最初から OneDrive がインストールされていることが多いです。ここでは、パソコンとスマホでのアクセ

第4部　時間にも場所にも縛られずサクサク仕事を完了させたい！

ス方法をご紹介します。

まずは、Windows パソコンの場合です。

画面右下のタスクバーにある雲のアイコン（OneDrive のアイコン）をクリックします。

初めて使う場合は、Microsoft アカウントでログインする必要があります。まだアカウントをお持ちでない方は、新規作成してログインしましょう。

次に、スマホやタブレットの場合です。

App Store や Google Play から OneDrive アプリをダウンロードします。アプリを起動し、Microsoft アカウントでログインします。

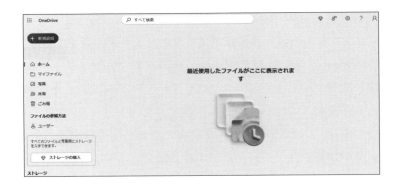

ステップ2　ファイルやフォルダをアップロードしよう

OneDrive を活用するためには、まずファイルやフォルダをアップロードする必要があります。これにより、どのデバイスからもファイルにアクセスできるようになります。

パソコンで OneDrive を開き、アップロードしたいファイルを

ドラッグ&ドロップします。

または、ウェブブラウザでOneDriveにアクセスし、「アップロード」ボタンをクリックしてファイルを選択します。

マイファイルにアップロードされます。

フォルダ全体をアップロードするには、「新規」ボタンをクリックし、「フォルダ」を選択してからアップロードするフォルダを指定します。

ステップ3 ファイルを整理してみよう

OneDriveでは、ファイルやフォルダを整理することで、後から簡単に必要な情報にアクセスできるようになります。効率的に

管理するためのポイントを見てみましょう。

OneDrive内で「新規追加」→「フォルダー」を選択し、適切な名前を付けてフォルダを作成します。

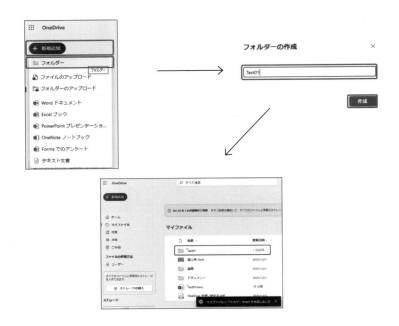

プロジェクトごとや、ドキュメント、画像などカテゴリごとにフォルダを分けると、整理がしやすくなります。

ファイルを整理したいフォルダにドラッグ＆ドロップすることで、簡単に移動もできます。
ファイルが多い場合は、複数のファイルを選択して一度に移動することも可能です。

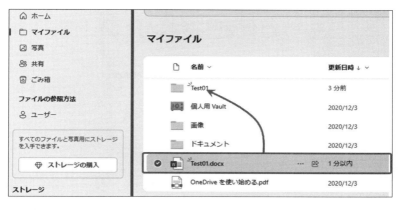

第4部 時間にも場所にも縛られずサクサク仕事を完了させたい!

もっと便利に使いたい！

ファイルの共有と Office の連携で差をつける！

ファイルを共有してみよう

　OneDrive の便利な機能の一つが、ファイルやフォルダを他のユーザーと簡単に共有できることです。これにより、仕事関係者とスムーズに情報を共有できます。

　共有したいファイルやフォルダを右クリックし、「共有」を選択します。

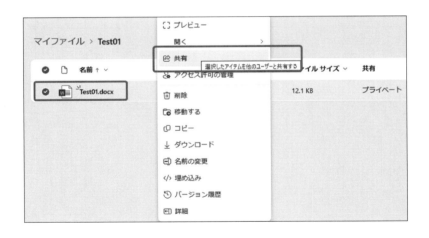

　共有方法として、「リンクをコピー」してメールやチャットで送るか、直接相手のメールアドレスを入力して共有します。

共有する場合、相手に与える権限を設定できます。「編集可能」「表示可能」の2種類から選べます。

必要に応じて、「共有の設定」からパスワードを設定したり、有効期限を設定してリンクの使用を制限することも可能です。

OneDrive と Office の連携で作業効率アップ！

OneDrive は、Microsoft Office との連携がスムーズで、これを活用することで作業効率が大幅にアップします。

OneDrive に保存した Word や Excel のファイルは、ブラウザから直接編集することもできます。複数人での共同編集も可能で、リアルタイムでの作業がスムーズに行なえます。

たとえば、会議の議事録を作成する際、全員が同時に内容を更新できるので、作業がスピーディーに進みます。

また、OneDrive に保存したファイルを、Outlook を使って簡単に共有することもできます。

メールにファイルを添付する代わりに、OneDrive のリンクを送ることで、大容量のファイルも簡単に共有できるのです。

OneDrive の最大の特徴は、Microsoft Office との親和性が高いことです。Windows ユーザーであれば OneDrive を一度試してみることをオススメします。きっとその便利さに驚くはずです！

オフラインでもクラウドを使えるようにできませんか？

Google Drive、OneDrive をオフラインで使う

インターネットがない場所でファイルを開きたいときもありますよね。たとえば、新幹線の中や、Wi-Fi が不安定なカフェ。

そんなときでも、クラウドのファイルにアクセスできるように、オフラインでの利用設定をしておくと便利です。

Google Drive の場合は、ファイルやフォルダを右クリックして「オフラインで利用可にする」を選ぶだけで、オフラインでも使えるようになります。

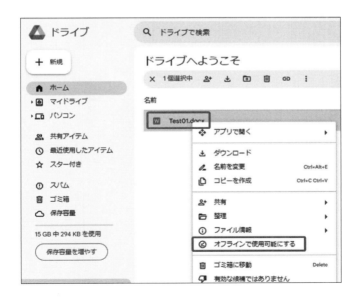

OneDriveの場合は、フォルダやファイルを右クリックして「ダウンロード」を選び、ファイルをデバイスにダウンロードしておきましょう。これで、どこでも安心して仕事ができます。

最近よく聞く「仮想化技術」って初心者でも使える？

1台のパソコンで複数の環境を活用する

「仮想化技術」という言葉を耳にしたことがあるかもしれませんが、具体的にどんなものかご存じですか？

この技術を使うと、1台のパソコンで複数の作業環境をつくり出し、用途に応じて使い分けることができます。

ここでは、仮想化技術とは何か、そして、そのメリットとWindows Pro を利用して仮想化を実現する方法についてわかりやすく説明します。

仮想化とは何か？──1台のパソコンで複数の環境をつくる方法

仮想化とは、簡単に言えば「1台のパソコンの中に複数の仮想的なコンピュータをつくる技術」です。

これにより、1台のパソコンでありながら、その中で異なるOS（オペレーティングシステム）やソフトウェア環境を同時に動かすことが可能になります。

たとえば、Windows のパソコンを使っている人が、その中に仮想的な Linux の環境をつくり、その中で Linux 用のソフトを試すことができる、といった使い方ができます。

Linux とは、Windows や macOS と同じで、OS の一つです。

仮想化を使えば、複数の仕事環境を1台のパソコンで効率的に管理でき、用途に応じて使い分けることができます。

第4部　時間にも場所にも縛られずサクサク仕事を完了させたい！

仮想化のメリットは、複数の作業環境を1台で管理できること
です。

仕事用の仮想環境とプライベート用の仮想環境を分けることで、
目的に応じて切り替えて使えます。

また、仮想化はリスクを最小限にしてくれます。

新しいソフトウェアや設定を試すときに、仮想環境を利用すれ
ば、万が一問題が発生しても、実際のパソコンには影響を与えず
に済みます。

Windows Pro で仮想化技術を利用する

仮想化技術を活用するためには、使用しているパソコンのOS
によって利用可能な機能が異なるということを知っておくことが
必要です。

特に、Windows の場合、仮想化機能を使いたい場合は「Windows
Pro」が必要になります。

Windows Pro には、「Hyper-V」という仮想化をサポートする
機能が標準で搭載されています。これを使うことで、Windows
上に仮想マシンをつくり、別のOSや仮想環境を動かすことが可
能です。

Windows Pro は、ビジネス用で、プロフェッショナル向けに
設計されており、仮想化以外にも、リモートデスクトップやグルー
プポリシー管理など、より高度な機能が提供されています。

一方で、Windows Home では、これらの仮想化機能がサポー
トされていません。そのため、仮想化技術を活用して複数の環境
をつくりたい場合や、仕事用とプライベート用の環境を分けたい

場合は、Windows Pro へのアップグレードを検討するといいでしょう。

　自分のパソコンが Windows Pro かどうかを確認してみましょう。以下の手順で確認できます。

　パソコンの左下にある「スタート」メニューをクリックし、「設定（歯車のアイコン）」を選択します。

　設定画面が開いたら、「システム」をクリックします。

　左側のメニューから「バージョン情報」を選びます。画面の右側に、Windows のエディションが表示されます。「Windows 10 Pro」または「Windows 11 Pro」と書かれていれば、仮想化機能を利用できます。

　また、Windows Pro で仮想化機能を利用するには、「Hyper-V」を起動する必要があります。以下の手順で設定を行ないましょう。「スタート」メニューの検索バーに「Windows の機能」と入力し、「Windows の機能の有効化または無効化」を選択します。

　開いたウィンドウで「Hyper-V」にチェックを入れます。「Hyper-V 管理ツール」と「Hyper-V プラットフォーム」の両方にチェックを入れたら、「OK」をクリックします。

　設定が完了したら、パソコンを再起動します。これで Hyper-V が有効になり、仮想マシンを作成できるようになります。

　再起動後、「スタート」メニューから「Hyper-V マネージャー」を検索して起動します。ここから新しい仮想マシンを作成し、設定を行なうことができます。

　Hyper-V を快適に利用するためには、パソコンが一定のスペックを満たしている必要があります。以下は、Hyper-V を利用する

際に推奨されるスペックの目安です。

64ビットのプロセッサで、仮想化機能（Intel VT-x または AMD-V）をサポートしているものが必要です。最低でも4コア以上のプロセッサが推奨されます。

Hyper-V自体がメモリを消費するため、最低16GBのRAMを搭載することをお勧めします。仮想マシンを複数立ち上げる場合は、さらに多くのメモリが必要です（32GB以上が理想的です）。

SSD（ソリッドステートドライブ）を搭載することで、仮想マシンの起動や操作がスムーズになります。ストレージ容量は、仮想マシンで使用するOSやソフトウェアに応じて決めますが、最低でも500GB以上の空き容量があると安心です。

そして、物理ネットワークアダプタが必要です。仮想化環境では、仮想ネットワークを構成するために、安定したネットワーク接続が重要です。

これらのスペックを満たしていれば、Hyper-Vを使用して複数の仮想マシンを快適に運用することができます。

仮想化技術を使うことで、1台のパソコンで複数の環境をつくり出し、用途に応じた柔軟な作業環境を実現することができます。

Windows Proを使えば、仮想化機能をフル活用して、リスクを最小限に抑えながら、効率的に作業を進めることが可能です。

推奨スペックを確認し、仮想化をうまく使いこなして、パソコンの可能性をさらに広げましょう。

結局、セキュリティが気になって、新しいことに挑戦できません……

安心してデジタルライフを楽しむための「情報セキュリティの基本」

パソコンやスマホを使って日常生活や仕事をしていると、「情報が漏れたらどうしよう」「誰かに不正にアクセスされたら困る」といった不安を感じることがありますよね。

特に、個人情報や仕事の機密情報が含まれるデータは、誰でも守りたいと考えるものです。しかし、セキュリティ対策をどうすればいいのか、何から始めればいいのかわからないという人も多いでしょう。

ここでは、初心者でも実践できる基本的なセキュリティ対策について、具体的に解説します。

対策を講じておくことで、万が一のときでも被害を最小限に抑えることができます。セキュリティの基本は多層防御です。

複数の防御策を組み合わせることで、一つの対策が突破されても、別の対策が大切な情報を守ってくれます。

• パスワードの重要性

まず、セキュリティの基本中の基本であるパスワードについて考えてみましょう。パスワードは、あなたのデータやアカウントを守るための最初の防壁です。

しかし、もしパスワードが簡単すぎたり、複数のサービスで使

い回したりしていると、その防壁はすぐに破られてしまう可能性があります。

　強力なパスワードを作成するには、次のポイントを押さえてください。
　　・12文字以上にする
　　・大文字、小文字、数字、記号を組み合わせる
　　・自分の名前や誕生日は避ける
　　・それぞれのサービスで違うパスワードを使う

　狙われやすい簡単なパスワードのトップ10を紹介しておきます。
　以下は、ハッカーが最初に試すことが多い、簡単なパスワードのトップ10です。これらを使っている人は、今すぐに変更を考えましょう。
「123456」「password」「123456789」
「12345678」「12345」「1234567」
「qwerty」「111111」「123123」「abc123」

パスワード管理ツールの活用

　複数の強力なパスワードを管理するのは大変ですが、SynologyのNASを利用している方は、NASに付属するSynology C2 Passwordを活用するのがオススメです。
　これにより、自宅のNASサーバーでパスワードを安全に管理でき、クラウドに保存しなくても済むので安心です。

もし、Synology 以外の NAS を検討している場合は、購入前にこのようなパスワード管理機能が含まれているかを確認しましょう。自分のニーズに合った NAS を選ぶことで、より安心してデータを管理できます。

●二要素認証の重要性

　パスワードを強化したら、次に考えるべきは二要素認証（2FA）です。これは、パスワードに加えて、スマホに送られる認証コードを使ってログインする仕組みで、アカウントのセキュリティをさらに強化できます。

　仮にパスワードが漏洩した場合でも、認証コードがないとログインできないため、不正アクセスを防ぐことができます。

Google アカウントの二要素認証設定

　Google アカウントを二要素認証で守る方法を見てみましょう。

　Google アカウントにサインインします。

　「設定」から「Google アカウントの管理」を選択し、次に左側のメニューから「セキュリティ」をクリックします。

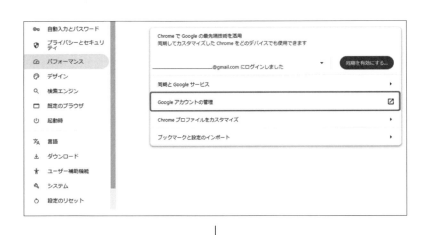

↓

「2段階認証プロセス」をクリックします。

「Googleへのログイン」セクションにある「2段階認証プロセス」を選択し、案内に従って「スマホの電話番号」を入力します。

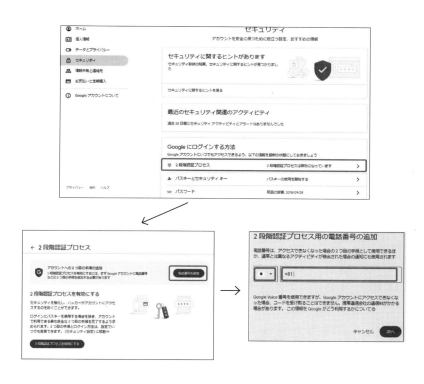

スマホの SMS に送付された認証コードを Google の設定画面に入力して完了します。

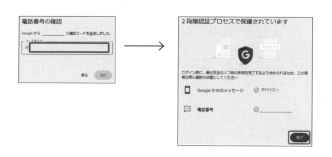

Microsoft アカウントの二要素認証設定

Microsoft アカウントも同様に、二要素認証で保護できます。
ブラウザで Microsoft アカウントにサインインします。

左端にある「セキュリティ」マークをクリックします。

セキュリティ画面で「追加のセキュリティオプション」をクリックします。

「二段階認証を有効にする」リンクをクリックし、ガイドに従って設定を進めます。

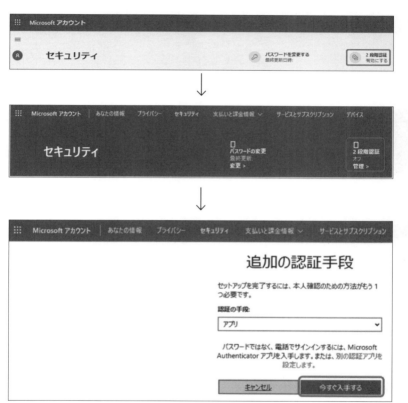

Microsoft Authenticator アプリをスマホにインストールし、QRコードをスキャンしてアカウントを登録します。

　アプリに表示されたコードを Microsoft の設定画面に入力して確認します。

　スマホが使えなくなった場合のために、代替の連絡先やメールアドレスを登録しておきます。

.....

　これらの設定により、パスワードが漏洩しても、二要素認証があることで他人があなたのアカウントに不正にアクセスするのを防げます。

　Gmail や GoogleDrive、Outlook や OneDrive のデータをしっかり守るためには、このステップが非常に重要です。

データを失うのが怖いです

....
安心を買うバックアップの方法

　データが突然消えてしまうと、仕事で大きな損害を受けます。データを安全に保つためには、定期的にバックアップを取ることが重要です。

　Windows には、簡単にバックアップを取れる機能が備わっており、システム全体のバックアップも考慮することで、万が一に備えることができます。では、Windows でのバックアップ方法をご紹介します。

ファイル履歴を使ったバックアップ

「スタート」メニューから「設定」を選び、「更新とセキュリティ」をクリックします。

「バックアップ」を選び、「ドライブの追加」で外部ハードディスクや USB メモリをバックアップ先として設定します。

「ファイル履歴でバックアップ」をオンにして、バックアップの頻度を設定すれば OK です。

システム全体のバックアップ（システムイメージの作成）

「コントロールパネル」を開き、「システムとセキュリティ」の中にある「バックアップと復元」を選びます。

　左側の「システムイメージの作成」をクリックし、保存先として外部ドライブを指定します。指示に従ってバックアップを開始しましょう。

とにかく安全にニュータイプの仕事術を使いたい！

オンラインストレージ利用時の注意点

　OneDrive などのクラウドストレージを利用してファイルを保存・共有するのは非常に便利です。どこからでもアクセスでき、他の人とのファイル共有も簡単に行なえます。

　しかし、便利さの裏には、データが意図せず公開されてしまうリスクも潜んでいます。個人情報や仕事の情報が誤ってインターネットに公開されてしまうと、取り返しのつかない事態になることもあります。

　OneDrive を使ってファイルを共有する際には、次の設定を行なうことで安全性を高めることができます。

共有リンクの期限を設定

　共有リンクがいつまでも有効にならないよう、有効期限を設定しましょう。これにより、不要なアクセスを防ぐことができます。

　共有リンクにパスワードを設定して、特定の受信者だけがアクセスできるようにします。パスワードはリンクとは別に送ることで、さらにセキュリティが強化されます。

クラウドストレージのセキュリティ対策

　クラウドストレージを安全に利用するために、常に共有設定を確認し、誰がファイルにアクセスできるのかを把握しておくことが重要です。

エピローグ

今後も、テクノロジーを活用してラクして成果を出したい！

常に最先端の技術を
身につけるための考え方と準備

どんどん新しい技術が出てくると思うとうんざりです……

ここまでのまとめ

　本書では「ニュータイプの仕事術」として、最新のテクノロジーを活用して、効率的に働く方法をご紹介してきました。

　パソコンの基本操作から、グーグルやマイクロソフトの便利な使い方、AI やクラウドの活用法まで、知っておくべき実践的なスキルを網羅しています。主要なポイント次の通りです。

IT リテラシーの重要性

　パソコンやスマートフォンの基本操作をマスターし、効率的に作業を進めるためのショートカットや便利機能を活用する。

クラウドと AI の活用

　クラウドストレージを利用してどこからでもアクセス可能な環境を整え、AI ツールを使って作業の一部を自動化することで、時間と労力を大幅に削減する。

セキュリティリテラシーの強化

　デジタル時代に不可欠なセキュリティ対策を講じることで、安全かつ安心して仕事ができる環境を整える。

　これらのスキルや知識は、単に日常業務を効率化するだけでなく、今後ますます加速するデジタル化の波に乗り遅れないための基盤となります。

これから注目される技術を取り入れるには、どうすればいいですか？

時代に乗り遅れないために準備する

テクノロジーの進化は日々目まぐるしく、今日のトレンドが明日には過去のものとなることも珍しくありません。

そこで、今後注目される技術を効果的に取り入れるためのポイントをいくつかご紹介します。

情報収集を習慣にする

新しい技術やツールについての情報を日常的に収集する習慣を身につけましょう。

IT関連のニュースサイトやブログ、ポッドキャストなどを活用して、最新のトレンドをチェックすることが重要です。

AIの進化やクラウドサービスの新機能についてのニュースを追いかけるだけでも、次に何を学ぶべきかが見えてきます。

実際に試してみる

新しいツールやアプリが気になったら、まずは自分で試してみることが大切です。多くのサービスが無料のトライアル版を提供しているので、それを活用して使い勝手を確かめてみましょう。

試行錯誤をくり返すことで、自分に合ったツールや技術を見つけることができます。

小さく始めて大きく展開する

すべての新しい技術を一度に導入しようとすると、逆に混乱を

エピローグ　今後も、テクノロジーを活用してラクして成果を出したい！

招く可能性があります。

　最初は小さなプロジェクトや一部分の作業から新しい技術を取り入れ、慣れてきたら徐々に範囲を広げていくと、無理なくスムーズに新技術を活用できます。

コミュニティに参加する

　技術に関するオンラインコミュニティやフォーラムに参加することで、他の人がどのように新しい技術を取り入れているのかを知ることができます。質問をしたり、他のメンバーの成功例を参考にしたりすることで、自分の学びを深めることができます。

•未来の仕事環境に対応するための準備法

　未来の仕事環境は、ますますデジタル化が進み、リモートワークやAIとの共存が当たり前になるでしょう。

　このような環境に対応するためには、柔軟な考え方と継続的な学習が求められます。以下の準備法を参考にして、未来の仕事環境に適応しましょう。

リモートワークのスキルを磨く

　リモートワークは今後ますます主流になると考えられています。そのため、リモート環境での効果的なコミュニケーション方法や、自分自身のモチベーションを維持する方法を学びましょう。

　たとえば、ZoomやTeamsなどのオンライン会議ツールの使い方を習得し、仕事関係者との連携をスムーズに行なえるようにしておきましょう。

AIや自動化ツールを活用する

　AIや自動化ツールは、今後さらに多くの仕事に導入されていくでしょう。これらのツールを使いこなすことで、単調な作業を自動化し、クリエイティブな仕事に時間を割けるようになります。

　今のうちにAIツールの基本を学び、どのように業務に応用できるかを考えてみてください。

スキルアップのための計画を立てる

　新しい技術に対応するためには、継続的なスキルアップが欠かせません。定期的に学習計画を立て、新しいスキルを習得することを目標にしましょう。

　たとえば、半年ごとに新しいツールや技術を学ぶ目標を設定し、達成度を自己評価してみるといいでしょう。

マインドセットを柔軟に保つ

　未来の仕事環境は、どんどん変化していきます。変化に対して柔軟に対応できるマインドセットを持つことが重要です。

　新しいことに挑戦することを恐れず、失敗を経験として活かす姿勢を持ちましょう。

ネットワーキングを大切にする

　未来の仕事環境では、人とのつながりがますます重要になります。ネットワーキングを通じて、自分の視野を広げ、新しい機会を見つけることができます。

　オンラインのカンファレンスやセミナーに参加し、他の業界の人々と交流を深めることで、さまざまな知識やアイデアを得ることができるでしょう。

エピローグ　今後も、テクノロジーを活用してラクして成果を出したい！

今日からできることは？

一つだけでいいからやってみよう！

　これまで、パソコン操作の基本から、最新の IT ツールの活用法まで、たくさんの知識をお伝えしてきました。

　ここまで読んでくださったあなたには、すでに「ニュータイプの仕事術」がしっかりと身についているはずです。

　今、あなたの前には、新しい可能性が広がっています。

　最初の一歩として、できる範囲で簡単なことから始めましょう。

　たとえば、ショートカットキーをいくつか実際に使ってみてください。ショートカットを使うだけで、作業が楽になります。

　次に、グーグルカレンダーを仕事関係者と共有して、予定を一元管理してみましょう。これだけでも、日々の仕事が驚くほどスムーズになります。

　さらに、クラウドストレージを活用してみましょう。大事なファイルをクラウドに保存すれば、どこからでもアクセスできるし、万が一のときも安心です。

　そして、AI ツールを使って、仕事の一部を自動化してみるのもオススメです。

　たとえば、簡単なレポート作成を AI に任せてみてください。最初は不安でも、やってみると「こんなに便利だったのか！」と実感することでしょう。

変化を楽しみたいです！

....

ちょっとでも実践すると、マインドが変わる

　新しいことを始めるとき、最初は戸惑うこともあるでしょう。

　でも、それは誰もが通る道です。大切なのは、少しずつでも続けること。何度もくり返すことで、自然と身についていきます。**「これ、意外と簡単かも！」と、感じる瞬間が必ず訪れます。** そのときこそが、あなたが一歩成長した証です。

　小さな成功体験を積み重ねることで、自信がつき、さらに新しいことにチャレンジする意欲がわいてくるでしょう。

• 未来に向けて常に学び続けよう

　テクノロジーは日々進化しています。今日便利だと感じたツールも、数年後には新しいものに取って代わられるかもしれません。

　だからこそ、**常に新しい情報をキャッチし、学び続けることが大切です。** インターネットには、最新のITトレンドやツールに関する情報があふれています。興味を持ったものがあれば、どんどん試してみましょう。

　また、オンラインのコミュニティやフォーラムに参加するのもオススメです。

　同じように新しい技術を学びたいと思っている人たちと交流することで、刺激を受け、さらに成長できるはずです。

エピローグ　今後も、テクノロジーを活用してラクして成果を出したい！

あとがき

「ニュータイプの仕事術」は、これで終わりではありません。むしろ、ここからが本当のスタートです。

あなたが今日学んだことは、これからの長い旅のための第一歩に過ぎません。その一歩一歩が積み重なれば、きっと大きな成果につながるでしょう。

未来はあなたの手の中にあります。今からその一歩を踏み出して、可能性を広げていきましょう。これからも、あなたの挑戦を応援しています。

本書を執筆するにあたり、多くの方々のご協力と支えがありました。この場を借りて、心より感謝の意を表したいと思います。

まず、日々進化するテクノロジーの世界で、最新の情報や知識を提供してくれた仲間に感謝です。みなさんの洞察と知識は、本書の内容を深めるうえで欠かせないものでした。

また、私の家族や友人たちにも感謝いたします。執筆に集中できる環境をつくってくれたこと、そして、どんなときも応援し続けてくれたことに心から感謝しています。みなさんの励ましと理解があったからこそ、本書を完成させることができました。

そして、何よりも本書を手に取ってくださったあなたに感謝いたします。少しでも仕事や生活において新しい気づきやスキルを得られることを願っています。

最後に、本書の制作に携わったすべての編集者、デザイナー、校正者のみなさんにも深く感謝いたします。貴重なご意見とサ

ポートのおかげで、本書を完成させることができました。

　本書があなたの「ニュータイプの仕事術」として、日々の生活や仕事に役立つことを心から願っています。

　今後もあなたと共に学び、成長し続けることができるよう、努力を惜しまず続けていきたいと思います。

　ありがとうございました。

あとがき

伊藤和也

伊藤和也 (いとう・かずや)

　デジタル技術活用のプロフェッショナルで、IT セキュリティのエキスパート。パートナー CISO（最高情報セキュリティ責任者）として、法人のセキュリティ対策を支援し、助言を行なっている。

　VoltaNetworks 株式会社代表取締役社長。

　株式会社スリーウェイズ Labo 代表取締役社長。

　1983 年、大阪府生まれ。エンジニアとして、国内大手 IT ベンダーにて、大規模情報インフラ設計・構築、サイバーセキュリティ対策、脆弱性診断、CSIRT（サイバーセキュリティインシデント対応チーム）や SOC（セキュリティオペレーションセンター）の構築支援など、IT とセキュリティ分野で豊富な実績を積む。その後、大手メーカーにて、IT 環境の整備やマーケティング戦略の立案・実行を担当。IT を活用した業務改善やデジタルマーケティングの推進に携わり、独立。VoltaNetworks 株式会社、株式会社スリーウェイズ Labo を設立。

　現在は、国内外の法人向けに IT 基盤の設計・運用からセキュリティ課題解決まで幅広くサポートするとともに、パートナー CISO として企業の情報セキュリティ戦略策定やリスク管理に助言を行なっている。また、中小企業を対象に IT 活用戦略、広報販促戦略、マーケティング戦略を支援している。専門用語を使わず、具体的な事例やデータをもとに説明する実践的な提案スタイルで高い評価を得ている。

　「日本のサイバーセキュリティ防御力向上に貢献する」をミッションに掲げ、中小企業から大企業まで、セキュリティ診断、クラウド活用支援、デジタルマーケティング戦略の立案などを通じて、IT・セキュリティ課題の解決を支援。

● VoltaNetworks 株式会社 HP
https://voltanetworks.jp/

時間を使わず成果を出す
ニュータイプの仕事術

2025年3月10日 初版発行

著者 伊藤 和也

発行者 髙橋明男
発行所 株式会社ワニブックス
〒150-8482
東京都渋谷区恵比寿4-4-9えびす大黒ビル
ワニブックスHP　http://www.wani.co.jp/
（お問い合わせはメールで受け付けております。
「お問い合わせ」へお進みください）
※内容によりましてはお答えできない場合がございます。

編集統括 大井隆義（ワニブックス）
校正 広瀬泉
本文・DTP 野中賢・安田浩也（システムタンク）
カバーデザイン マツヤマチヒロ
プロデュース 森下裕士

印刷所 株式会社光邦
製本所 ナショナル製本

ISBN 978-4-8470-7532-2
© 伊藤和也 2025
WANI BOOKOUT　http://www.wanibookout.com/
WANI BOOKS NewsCrunch　https://wanibooks-newscrunch.com/

落丁本・乱丁本は小社管理部宛にお送りください。送料は小社負担にて
お取替えいたします。ただし、古書店等で購入したものに関してはお取
替えできません。本書の一部、または全部を無断で複写・複製・転載・
公衆送信することは法律で認められた範囲を除いて禁じられています。